水电行业技术标准体系表

（2017 年版）

The System Table of Hydropower Technical Standard

水 电 水 利 规 划 设 计 总 院
China Renewable Energy Engineering Institute 发布

中国水利水电出版社
www.waterpub.com.cn
· 北京 ·

图书在版编目（CIP）数据

水电行业技术标准体系表 : 2017年版 / 水电水利规划设计总院发布. -- 北京 : 中国水利水电出版社, 2017.12

ISBN 978-7-5170-6226-4

Ⅰ. ①水… Ⅱ. ①水… Ⅲ. ①水利水电工程－技术标准－标准体系－表格－编制－中国 Ⅳ. ①TV

中国版本图书馆CIP数据核字(2017)第327187号

书　　名	**水电行业技术标准体系表（2017年版）** SHUIDIAN HANGYE JISHU BIAOZHUN TIXI BIAO（2017 NIAN BAN）
作　　者	水电水利规划设计总院　发布
出版发行	中国水利水电出版社 （北京市海淀区玉渊潭南路1号D座　100038） 网址：www. waterpub. com. cn E-mail：sales@waterpub. com. cn 电话：（010）68367658（营销中心）
经　　售	北京科水图书销售中心（零售） 电话：（010）88383994、63202643、68545874 全国各地新华书店和相关出版物销售网点
排　　版	中国水利水电出版社微机排版中心
印　　刷	天津嘉恒印务有限公司
规　　格	210mm×297mm　16开本　7.25印张　236千字　1插页
版　　次	2017年12月第1版　2017年12月第1次印刷
印　　数	0001—8000册
定　　价	**90.00**元

前言

水电行业技术标准作为水电工程建设和运行管理的技术与经验总结，是提升行业技术水平、管理能力的重要保障，是水电工程建设和安全可靠运行的重要基础。伴随着我国水电工程建设和技术的快速发展，水电行业技术标准建设取得了巨大的成绩，现行技术标准已涵盖了规划设计、工程施工、设备制造与安装等方面，为我国水电工程建设提供了有力的技术保障和支持。

1995年，为适应电力体制的变化和电力工业技术的发展，原电力工业部发布了包括水力发电、火力发电、核能发电、风力发电、其他形式发电、电网等行业的《电力标准体系表》，并分别于2005年、2012年进行了两次修订，对指导电力标准化工作起到了积极的作用。虽然水电与火电、核电、风电一并作为电力标准的一部分被纳入了《电力标准体系表》，但还难以全面、系统、合理地反映水电工程建设和技术标准复杂的情况和特点。长期以来，水电行业技术标准体系建设存在着明显的系统性不强、管理条块分割、部分标准间逻辑关系不清、内容交叉重复矛盾等问题。

党中央、国务院高度重视标准化工作，2015年3月国务院发布了《深化标准化工作改革方案》，对我国标准化工作面临的形势、存在的问题进行了全面分析，确定了标准化改革的基本原则、总体目标和改革措施，并开展了《中华人民共和国标准化法》修订等一系列工作部署。为贯彻落实国务院标准化工作改革精神，适应水电行业发展的新形势、新任务、新要求，系统解决我国水电行业技术标准建设中存在的主要问题，满足水电行业技术发展和技术标准管理的需要，国家能源局印发《国家能源局综合司关于委托开展水电行业技术标准体系课题研究的函》（国能综科技〔2015〕57号），委托水电水利规划设计总院牵头组织我国水电行业专家、学者、工程技术人员和标准化工作人员，开展水电行业技术标准体系研究工作，按照国家技术标准体系编制原则和要求，结合水电行业技术标准的现状和发展需要，系统地建立水电行业技术标准体系框架结构。

《水电行业技术标准体系表》编制遵循以标准的“管理和维护”为主、同时考虑“使用和监管”的原则，按照“增量严控，存量求精”的要求，以“标准族”的形式对现有标准进行梳理完善，在研究缺失标准的同时，努力合并、归类相关技术标准，并针对我国水电行业技术标准“重建设、轻运维”的现状，加强了“建设、运维并重”相关标准研究。

该体系表由编制说明、体系框架图、体系各层次标准内容说明表、体系各层次技术标准统计表、体系涉及主要机构一览表、技术标准清单构成，共有技术标准827项，内容涵盖了水电工程规划、勘察、设计、施工、验收、运行、管理、维护、加固、拆除（或退役）等全生命周期。

2016年7月19日，国家能源局组织国家标准化管理委员会、住房和城乡建设部等单位开展课题成果验收，并由行业知名院士和权威专家组成专家验收组，认为：课题研究进一步落实了国务院关于推进标准化工作改革和国家标准化体系建设发展规划的有关要求，从水电工程规划设计、建设、运行管理、退役全生命周期理念出发，对水电行业标准进行全面梳理、识别、归类，建立了一套全面权威、系统协调、科学合理、操作性强的水电行业技术标准体系，满足水电行业技术标准建设和管理的需要，为我国水电工程建设和运行管理提供技术保障和支持，为简政放权后水电行业建设和政府管理提供技术支撑和监管依据，同时，对推动中国水电技术标准国际化，提高中国水电技术的国际化水平也具有重要指导意义。研究成果将为今后水电行业技术标准的制（修）订和管理提供体系原则、依据和支持，促进水电行业技术标准科学有序发展。研究成果达到国际领先水平，社会经济效益显著。

《水电行业技术标准体系表》在编制过程中，得到国家能源局、国家标准化管理委员会、住房和城乡建设部等单位的大力支持和帮助，在此特表感谢！

由于时间有限，《水电行业技术标准体系表》难免有不妥之处，在使用过程中如有意见和建议，请与水电水利规划设计总院联系（地址：北京市西城区六铺炕北小街2号，邮编：100120，电话：010－51973402、010－51973283）。

2017年12月

目　录

一、编 制 说 明

（一）编制目的

（1）落实国务院关于深化标准化工作改革和国家标准化体系建设发展规划的有关要求，健全和完善水电行业技术标准体系，满足水电行业技术、安全、健康发展的需要，提升中国水电行业技术水平和标准管理能力。

（2）按照水电工程全生命周期的理念，建立水电行业技术标准体系框架，形成标准体系表，为水电工程建设和运行管理提供技术保障和支持，为简政放权后水电行业的建设和政府管理提供技术支撑和监管依据。

（3）为水电行业技术标准的制定、修订和管理提供体系原则、依据和支持，促进水电行业技术标准的科学有序发展。

（4）厘清水电行业标准与国家标准、其他行业标准之间的关系，明确相关技术标准的技术归口单位，探索建立高效的水电行业标准化工作组织管理与协调机制。

（二）编制依据

（1）《中华人民共和国标准化法》。

（2）《国务院关于印发深化标准化工作改革方案的通知》（国发〔2015〕13号）。

（3）《标准体系表编制原则和要求》GB/T 13016—2009。

（三）编制原则

（1）目标明确。从水电工程全生命周期管理出发，对水电行业标准进行全面梳理、识别、归类，建立科学的水电行业技术标准体系，以标准的“管理和维护”为主，同时考虑标准的“使用和监管”，指导近期水电行业技术标准管理、制定、修订等工作。

（2）全面成套。体系表覆盖水电工程全生命周期涉及的整个系统和各种技术标准。

（3）层次适当。体系表分类科学、层次清晰、结构合理，并具有一定的可分解性和可扩展空间。

（4）划分清楚。体系表内各项标准，按内容划分清楚，相互协调、统一，便于管理。体系表内的子体系或类别，按工程阶段、专业或建筑物、设备种类等标准化活动性质的同一性划分。

（四）收录标准范围

收录水电行业各标准化技术委员会制定的水电行业技术标准，包括有效、制定和拟编的有关国家标准（GB）、能源行业标准（NB）、电力行业标准（DL、SD、SDJ）；以及其他机构制定的水电工程专属技术标准，包括GB、NB、DL、SL、JB标准。标准收录的截止时间为2017年8月。

GB、NB、DL、JB标准中与水电工程相关的以下标准未收录：虽为水电行业基础通用的技术标准，但不属于目前水电工程专属的技术标准，例如：钢筋、水泥等材料的国家标准，变压器、电缆等电力工程通用标准；产品质量分级等方面的标准；内容属于行政管理范畴的工作管理标准等。

（五）框架结构

1. 框架层次设置

根据标准的内在联系特征及水电行业技术的特点，水电行业技术标准体系采用分层结构，主要由三个层次组成。

第一层次为水电行业的“T通用及基础标准”，是指导整个水电工程全阶段的基础性技术标准，具有广泛的指导性。“T通用及基础标准”包括：“T01通用”“T02安全”“T03监督管理”“T04环保水保”“T05节能”“T06征地移民”“T07信息化”“T08档案”，共8项。

第二层次为按水电工程全生命周期不同时序阶段展开的技术标准，按水电行业的实际情况分为“A规划及设计”“B设备”“C建造与验收”“D运行维护”“E退役”5个阶段。每个阶段的通用标准是本阶段应普遍遵守的技术标准，除阶段通用技术标准外还包括若干专业分支。

第二层次技术标准分项如下：

(1)“A 规划及设计”包括：“A01 通用”“A02 水文泥沙”“A03 工程规划”“A04 工程勘察”“A05 水工建筑物”“A06 机电”“A07 金属结构”“A08 施工组织设计”“A09 征地移民”“A10 环保水保”“A11 安全与职业健康”“A12 工程造价”，共 12 项。

(2)“B 设备”包括：“B01 机电设备”“B02 金属结构设备”“B03 安全监测仪器”“B04 环保设备”“B05 水文监测设备”，共 5 项。

(3)“C 建造与验收”包括：“C01 通用”“C02 材料与试验”“C03 土建工程”“C04 机电设备安装调试”“C05 金属结构”“C06 施工设备设施”“C07 施工安全”“C08 征地移民”“C09 环保水保”“C10 质量检测与评定”“C11 工程造价”“C12 工程管理与验收”，共 12 项。

(4)“D 运行维护”包括：“D01 通用”“D02 水库及电站运行调度”“D03 水工建筑物”“D04 机电设备”“D05 金属结构”“D06 安全监测”“D07 征地移民”“D08 环保水保”“D09 安全管理”“D10 技术监督”“D11 更新与改造”“D12 工程造价”，共 12 项。

(5)“E 退役”，目前没有现行有效的技术标准，该次研究提出了拟编的技术标准，由于标准数量有限，不再设置专业层次。

第三层次为水电工程各时序阶段按专业门类或建筑物类别、设备类别等展开的技术标准。共设置了 91 项，详见“水电行业技术标准体系框架图”。

2. 标准体系表编号

对列入体系表的每项技术标准，均赋予唯一的“标准体系表编号”。

“标准体系表编号”的组成形式如下：

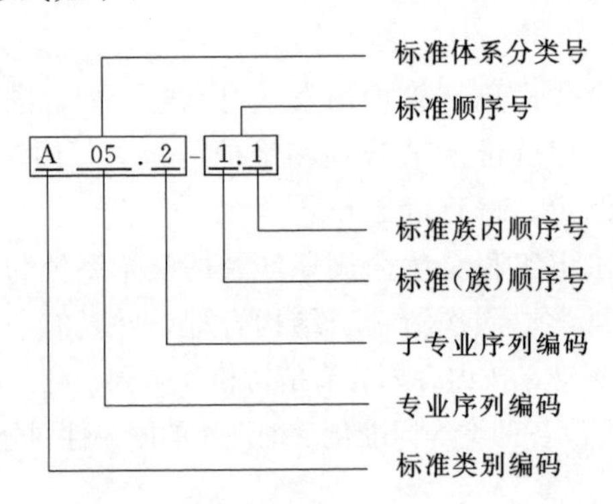

“标准体系表编号”由“标准体系分类号”和“标准顺序号”组成，中间用“-”隔开。

“标准体系分类号”由“标准类别编码”“专业序列编码”和“子专业序列编码”组成，采用英文字母与阿拉伯数字混合编号形式，即“标准类别编码”以一个大写正体英文字母表示；“专业序列编码”和“子专业序列编码”以数字表示，中间用“.”隔开。子专业序列是在专业序列的基础上按照水电行业细化的专业分类。

“标准顺序号”是在相应子专业序列下的某技术标准的排号，由两部分数字组成，中间用“.”隔开。第一个数字代表某技术标准或标准族在子专业序列下的排号；第二个数字代表某技术标准为族标准时，其在本标准族内的排号。

3. 标准体系表信息

《水电行业技术标准体系表》有关信息说明如下：

(1) 序号：组成新体系的技术标准（族）在《水电行业技术标准体系表》内的流水号。

(2) 顺序号：收录在《水电行业技术标准体系表》内的每个技术标准的总流水号。

(3) 标准体系表编号：与标准体系框架图相对应的标准体系表编号。

(4) 标准名称：有效、修订、制定、拟编的标准名称。“标准名称”分“建议”“已有”2 列。“已有”列为已发布或对应制（修）订计划的技术标准名称，但该体系表研究拟取消或合并或更名；“建议”列为拟保留在新体系中已发布、对应制（修）订计划、拟编、更名后的技术标准名称。

（5）标准编号：已发布的标准编号或管理文件号。

（6）编制状态：标准的现行状态，分为有效、修订、制定、拟编，说明如下：

有效——已发布实施，现行有效的技术标准。

修订——国家能源局等行政主管部门已下发修订计划，但目前还未修订完成的有效的技术标准。

制定——国家能源局等行政主管部门已下发制定计划的技术标准。

拟编——该体系表研究拟新制定的技术标准。

（7）批准部门：“有效”“修订”标准，为已颁布标准中注明的批准部门；“制定”标准，为批准制定计划的行政主管部门；“拟编”标准，为研究拟批准制定计划的行政主管部门。

（8）主编单位：“有效”“修订”标准，为已颁布标准中注明的主编单位或主要起草单位，“修订”标准主编单位的调整以行政主管部门下达的修订计划为准；“制定”标准，为行政主管部门下达制定计划中的主编单位或主要起草单位；“拟编”标准的主编单位待定。

（9）备注：对技术标准其他情况的进一步说明，包括标准制（修）订的立项文号及计划编号，标准的修订、取消、废止、合并建议，有关标准族的说明等。“标准族”为按照同类别建筑物、同类型设备或有一定逻辑关系的标准组织在一起，有计划地安排开展这些同类别标准的拟编、制定、修订、整合工作。

二、水电行业技术标准体系各层次标准内容说明表

体系分类号	专业序列	内容及解释说明
T	**通用及基础标准**	
T01	通用	强标、术语、图形、符号、编码制图
T02	安全	等级划分、工程安全、风险管理、流域安全、安全标识等通用标准及要求
T03	监督管理	技术监督、质量监督、安全监督
T04	环保水保	环境保护、水土保持控制、监测、评价的通用性标准
T05	节能	节能降耗基础标准，设计与评价、实施、验收技术标准
T06	征地移民	建设征地、移民、安置的通则标准
T07	信息化	信息化技术通则、信息分类与编码，信息存储、处理、管理、采集、传输交换等通用技术标准
T08	档案	工程建设运行的产品、声像、电子信息、管理等文件及岩芯收集与管理、保管与利用技术标准
A	**规划及设计**	
A01	通用	阶段工作深度、安全、劳动卫生、规划及设计综合性标准
A02	水文泥沙	气象、陆地水文、泥沙、水情测报
A03	工程规划	水能规划、经济评价
A04	工程勘察	工程勘察综合、工程地质、岩土工程、工程测量、工程勘探、工程物探、岩土试验、水文地质测试、岩土与水体监测
A05	水工建筑物	水工综合、挡水建筑物、泄水建筑物、输水建筑物、电站厂房、通航建筑物、边坡工程、水工模型试验
A06	机电	机电综合、机组及附属设备、电气系统及设备、控制保护通信系统及设备、公用辅助系统及设备
A07	金属结构	压力钢管、钢闸门（含拦污栅）、启闭机、清污机
A08	施工组织设计	施工综合、施工导流、料源、施工方法、施工工厂设施、施工交通运输、施工布置、施工进度等
A09	征地移民	实物指标调查、安置规划设计
A10	环保水保	环保水保综合、环境影响评价、环境保护设计、水土保持方案、水土保持设计
A11	安全与职业健康	安全预评价、劳动安全与工业卫生设计、防恐防暴设计
A12	工程造价	编制规定、定额标准
B	**设备**	
B01	机电设备	机组及附属设备、电气系统及设备、控制保护和通信设备、公用辅助设备技术条件
B02	金属结构设备	闸门、启闭机、通航设备及其他金属结构设备技术条件
B03	安全监测仪器	监测仪器综合、监测仪器及设备、监测仪器设备鉴定
B04	环保设备	污染防治设备、环保监测仪器、水保监测设备技术条件

续表

体系分类号	专业序列	内容及解释说明
B05	水文监测设备	水情自动测报系统、泥沙监测设备技术条件
C	**建造与验收**	
C01	通用	施工管理、导截流、施工工厂设施、场内交通等综合性标准
C02	材料与试验	水工混凝土、水工沥青混凝土、砂石料、外加剂等材料技术规程及试验规程，试验仪器设备校验方法
C03	土建工程	土石方工程、基础处理与灌浆、混凝土工程、水工建筑物防渗
C04	机电设备安装调试	机电综合、机组及附属设备、电气系统及设备、控制保护通信系统及设备、公用辅助系统及设备的安装与调试
C05	金属结构	压力钢管、闸门（含拦污栅）、启闭机、清污设备等制造（现场）、安装及调试等
C06	施工设备设施	施工设备、施工设施
C07	施工安全	施工安全、作业安全、应急管理
C08	征地移民	实施、验收
C09	环保水保	环保水保综合，环境保护、水土保持的实施与验收等
C10	质量检测与评定	质量检测、质量评定
C11	工程造价	编制规定、定额、合同范本
C12	工程管理与验收	技术管理，工程专项验收、整体验收、竣工验收
D	**运行维护**	
D01	通用	电力系统及水电站运行维护综合性标准
D02	水库及电站运行调度	水库、水电站调度，水电站运行管理、评估
D03	水工建筑物	水工建筑物运行维护、维修、评估
D04	机电设备	机电综合、机组及附属设备、电气系统及设备、控制保护通信系统及设备、公用辅助系统及设备
D05	金属结构	闸门、启闭机、压力钢管、拦污栅及清污设施、升船机运行维护及安全检测
D06	安全监测	安全监测综合、水库安全监测、水工建筑物安全监测、监测系统建设、监测系统运行维护
D07	征地移民	安置评价、后期扶持等
D08	环保水保	环保措施运行管理、环保措施效果评估、水保设施运行管理、水土保持效果评估、环境后评价
D09	安全管理	安全管理综合、安全工作规程、应急管理
D10	技术监督	环保监督、水工监督、水轮机监督
D11	更新与改造	建筑物、设备、设施更新与改造
D12	工程造价	编制规定、检修定额
E	**退役**	退役通则、评估、设计、实施、水库处理、后评估

三、水电行业技术标准体系各层次技术标准统计表

表 3－1　收录标准类别统计表

体系分类号	专业序列	GB	NB	DL	SD、SDJ、SL、JB 等	小计
T	**通用及基础标准**	**1**	**4**	**9**	**1**	**15**
T01	通用			6	1	7
T02	安全	1		1		2
T03	监督管理					0
T04	环保水保					0
T05	节能		1			1
T06	征地移民					0
T07	信息化		1	1		2
T08	档案		2	1		3
A	**规划及设计**	**6**	**74**	**93**	**8**	**181**
A01	通用	2	2	6		10
A02	水文泥沙		4	1		5
A03	工程规划		3	3		6
A04	工程勘察	2	7	22		31
A05	水工建筑物		11	19		30
A06	机电	2	16	15		33
A07	金属结构		6	7	2	15
A08	施工组织设计		7	10		17
A09	征地移民		2	7		9
A10	环保水保		8	2	1	11
A11	安全与职业健康		2			2
A12	工程造价		6	1	5	12
B	**设备**	**17**	**3**	**63**	**6**	**89**
B01	机电设备	17	1	24	5	47
B02	金属结构设备		2		1	3
B03	安全监测仪器			38		38
B04	环保设备					0
B05	水文监测设备			1		1
C	**建造与验收**	**7**	**15**	**140**	**7**	**169**
C01	通用		1	5		6
C02	材料与试验		1	25		26

续表

体系分类号	专业序列	GB	NB	DL	SD、SDJ、SL、JB等	小计
C03	土建工程			39		39
C04	机电设备安装调试	6		16	1	23
C05	金属结构	1	3	1	1	6
C06	施工设备设施			7		7
C07	施工安全			30		30
C08	征地移民		3			3
C09	环保水保		1	2		3
C10	质量检测与评定		1	12	1	14
C11	工程造价		1		4	5
C12	工程管理与验收		4	3		7
D	**运行维护**	**10**	**1**	**38**	**0**	**49**
D01	通用	2		2		4
D02	水库及电站运行调度	1		4		5
D03	水工建筑物			2		2
D04	机电设备	3		15		18
D05	金属结构			2		2
D06	安全监测	2		10		12
D07	征地移民					0
D08	环保水保		1			1
D09	安全管理	1		1		2
D10	技术监督			2		2
D11	更新与改造	1				1
D12	工程造价					0
E	**退役**					**0**
合计		**41**	**97**	**343**	**22**	**503**

表 3-2 收录标准状态统计表

体系分类号	专业序列	已发布标准		制定标准	拟编标准	小计
		有效	修订			
T	**通用及基础标准**	**7**	**8**	**31**	**18**	**64**
T01	通用		7	3	3	13
T02	安全	1	1	2	1	5
T03	监督管理				3	3
T04	环保水保			3	3	6
T05	节能	1		4	1	6
T06	征地移民			1		1

续表

体系分类号	专业序列	已发布标准		制定标准	拟编标准	小计
		有效	修订			
T07	信息化	2		15	3	20
T08	档案	3		3	4	10
A	**规划及设计**	**103**	**81**	**97**	**22**	**303**
A01	通用	7	3	4	2	16
A02	水文泥沙	4	1	2	3	10
A03	工程规划	4	2	4		10
A04	工程勘察	9	22	26	1	58
A05	水工建筑物	17	13	12	3	45
A06	机电	23	10	13	1	47
A07	金属结构	8	10	2	2	22
A08	施工组织设计	8	9	6		23
A09	征地移民	2	7	3	1	13
A10	环保水保	8	3	20	4	35
A11	安全与职业健康	2		3	1	6
A12	工程造价	11	1	2	4	18
B	**设备**	**75**	**14**	**26**	**10**	**125**
B01	机电设备	44	3	14	2	63
B02	金属结构设备	2	1	1	1	5
B03	安全监测仪器	29	9	10		48
B04	环保设备			1	6	7
B05	水文监测设备		1		1	2
C	**建造与验收**	**136**	**33**	**85**	**14**	**268**
C01	通用	6		5		11
C02	材料与试验	17	9	10	2	38
C03	土建工程	32	7	15		54
C04	机电设备安装调试	17	6	10	4	37
C05	金属结构	6		5	3	14
C06	施工设备设施	5	2	7		14
C07	施工安全	25	5	16		46
C08	征地移民	3		3		6
C09	环保水保	3		4	1	8
C10	质量检测与评定	11	3	4	2	20
C11	工程造价	5		4	2	11
C12	工程管理与验收	6	1	2		9
D	**运行维护**	**43**	**6**	**60**	**23**	**132**

续表

体系分类号	专业序列	已发布标准		制定标准	拟编标准	小计
		有效	修订			
D01	通用	4			5	9
D02	水库及电站运行调度	5		6	2	13
D03	水工建筑物	2		2		4
D04	机电设备	16	2	21	2	41
D05	金属结构	1	1	5		7
D06	安全监测	9	3	10	1	23
D07	征地移民			1	2	3
D08	环保水保	1		5	5	11
D09	安全管理	2		5	2	9
D10	技术监督	2		2		4
D11	更新与改造	1		3	2	6
D12	工程造价				2	2
E	**退役**			**1**	**5**	**6**
合计		**364**	**142**	**300**	**92**	**898**

四、水电行业技术标准体系涉及主要机构一览表

序号	单位名称	单位简称
1	国家发展和改革委员会	国家发改委
2	国家经济贸易委员会	国家经贸委
3	住房和城乡建设部	住建部
4	国家质量监督检验检疫总局	国家质检总局
5	国家标准化管理委员会	国标委
6	中国电力企业联合会	中电联
7	水电水利规划设计总院 国家电力公司水电水利规划设计总院 电力工业部水电水利规划设计总院	水电总院
8	水利水电规划设计总院 水利部水利水电规划设计总院	水规总院
9	中国水电工程顾问集团有限公司 中国水电顾问集团有限公司 中国水电工程顾问集团公司	水电顾问集团
10	中国电建集团北京勘测设计研究院有限公司 中国水电顾问集团北京勘测设计研究院有限公司 中国水电顾问集团公司北京勘测设计研究院 北京勘测设计研究院 北京国电水利电力工程有限公司	北京院
11	中国电建集团华东勘测设计研究院有限公司 中国水电顾问集团华东勘测设计研究院 中国水电顾问集团华东勘测设计研究院有限公司 华东勘测设计研究院	华东院
12	中国电建集团西北勘测设计研究院有限公司 中国水电顾问集团西北勘测设计研究院 国家电力公司西北勘测设计研究院 西北勘测设计研究院	西北院
13	中国电建集团中南勘测设计研究院有限公司 中国水电顾问集团中南勘测设计研究院 国家电力公司中南勘测设计研究院 水利电力部中南勘测设计院 中南勘测设计研究院	中南院
14	中国电建集团成都勘测设计研究院有限公司 中国水电顾问集团成都勘测设计研究院 国家电力公司成都勘测设计研究院 成都勘测设计研究院	成都院
15	中国电建集团贵阳勘测设计研究院有限公司 中国水电顾问集团贵阳勘测设计研究院有限公司 贵阳勘测设计研究院	贵阳院

续表

序号	单　位　名　称	单位简称
16	中国电建集团昆明勘测设计研究院有限公司 中国水电顾问集团昆明勘测设计研究院 国家电力公司昆明勘测设计研究院 昆明勘测设计研究院	昆明院
17	东北勘测设计研究院	东北院
18	中国长江三峡集团公司 中国长江三峡工程开发总公司	三峡集团
19	中国葛洲坝集团股份有限公司 中国葛洲坝水利水电工程集团有限公司 中国葛洲坝集团公司	葛洲坝集团
20	中国水利水电第一工程局有限公司	水电一局
21	中国水利水电第二工程局有限公司	水电二局
22	中国水利水电第三工程局有限公司	水电三局
23	中国水利水电第四工程局有限公司	水电四局
24	中国水利水电第五工程局有限公司 中国水利水电第五工程局	水电五局
25	中国水利水电第六工程局有限公司	水电六局
26	中国水利水电第七工程局有限公司 中国水利水电第七工程局 水利水电第七工程局	水电七局
27	中国水利水电第八工程局有限公司 水利水电第八工程局	水电八局
28	中国水利水电第十工程局有限公司	水电十局
29	中国水利水电第十一工程局有限公司	水电十一局
30	中国水利水电第十二工程局有限公司	水电十二局
31	中国水利水电第十四工程局有限公司 水利水电第十四工程局	水电十四局
32	中国水电建设集团十五工程局有限公司 中国水电建设集团第十五局有限公司	水电十五局
33	中国水利水电第十六工程局有限公司	水电十六局
34	北京振冲工程股份有限公司 北京振冲工程公司	北京振冲公司
35	国电大渡河流域水电开发有限公司	国电大渡河公司
36	中国南方电网有限责任公司调峰调频发电公司	南网公司
37	国网新源控股有限公司	新源公司
38	中国水利水电科学研究院	水科院
39	南京水利科学研究院	南科院
40	长江水利委员会长江科学院	长科院
41	水利部长江水利委员会长江勘测规划设计研究院	长委设计院

续表

序号	单位名称	单位简称
42	中国科学院武汉岩土力学研究所	中科院武汉岩土所
43	武汉大学水资源与水电工程科学国家重点实验室	武汉大学实验室
44	哈尔滨电机厂有限责任公司	哈电公司
45	东方电机股份有限公司 东方电气集团东方电机有限公司	东电公司

五、水电行业技术标准清单

体系分类号　T

专业序列　通用及基础标准

序号	顺序号	标准体系表编号	标准名称		标准编号	编制状态	批准部门	主编单位	备注	
			建议	已有						
T01 通用										
1	1	T01-1	水力发电工程项目规范			拟编	国家能源局或住建部		全文强制性标准	
2	2	T01-2	水电工程技术术语	水利水电工程技术术语标准	SL 26—92	修订	水利部、能源部	武汉水利电力大学	国能科技〔2009〕163号，计划编号：能源20090292	修订、制定时合并为《水电工程技术术语》
	3			可再生能源工程勘察基本术语标准		制定	国家能源局	成都院、华东院等	国能科技〔2014〕298号，计划编号：能源20140431	
3	4	T01-3	水电工程量、单位和符号的一般原则			拟编	国家能源局			
4	5	T01-4	水电工程标识系统编码标准			拟编	国家能源局			
5	6	T01-5.1	水电工程制图标准　第1部分：基础制图	水电水利工程基础制图标准	DL/T 5347—2006	修订	国家发改委	水电总院、北京院	国能综通科技〔2017〕52号，计划编号：能源20170874	标准族
6	7	T01-5.2	水电工程制图标准　第2部分：水工建筑	水电水利工程水工建筑制图标准	DL/T 5348—2006	修订	国家发改委	水电总院、北京院	国能综通科技〔2017〕52号，计划编号：能源20170875	
7	8	T01-5.3	水电工程制图标准　第3部分：工程地质	水电水利工程地质制图标准	DL/T 5351—2006	修订	国家发改委	水电总院、北京院	国能科技〔2015〕12号，计划编号：能源20140836。修订时拟更名	
8	9	T01-5.4	水电工程制图标准　第4部分：水力机械	水电水利工程水力机械制图标准	DL/T 5349—2006	修订	国家发改委	水电总院、北京院	国能科技〔2014〕298号，计划编号：能源20140442。修订时拟更名	
9	10	T01-5.5	水电工程制图标准　第5部分：电气	水电水利工程电气制图标准	DL/T 5350—2006	修订	国家发改委	水电总院、北京院	国能科技〔2014〕298号，计划编号：能源20140446。修订时拟更名	

续表

<table>
<tr><th rowspan="2">序号</th><th rowspan="2">顺序号</th><th rowspan="2">标准体系表编号</th><th colspan="2">标准名称</th><th rowspan="2">标准编号</th><th rowspan="2">编制状态</th><th rowspan="2">批准部门</th><th rowspan="2">主编单位</th><th rowspan="2" colspan="2">备注</th></tr>
<tr><th>建议</th><th>已有</th></tr>
<tr><td>10</td><td>11</td><td>T01-5.6</td><td>水电工程制图标准　第6部分：环境保护</td><td>水电工程生态制图规范</td><td></td><td>制定</td><td>国家能源局</td><td>中南院、武汉市伊美净科技发展有限公司</td><td>国能科技〔2015〕283号，计划编号：能源20150583。
制定时拟更名</td><td rowspan="2">标准族</td></tr>
<tr><td>11</td><td>12</td><td>T01-5.7</td><td>水电工程制图标准　第7部分：水土保持</td><td></td><td></td><td>制定</td><td>国家能源局</td><td>中南院、华东院</td><td>国能综通科技〔2017〕52号，计划编号：能源20170880</td></tr>
<tr><td>12</td><td>13</td><td>T01-6</td><td>水力发电工程CAD制图技术规定</td><td></td><td>DL/T 5127—2001</td><td>修订</td><td>国家经贸委</td><td>成都院、水电总院</td><td colspan="2">国能综通科技〔2017〕52号，计划编号：能源20170863</td></tr>
<tr><td colspan="11">T02 安全</td></tr>
<tr><td>13</td><td>14</td><td>T02-1</td><td>水电枢纽工程等级划分及设计安全标准</td><td></td><td>DL 5180—2003</td><td>修订</td><td>国家经贸委</td><td>水电顾问集团</td><td colspan="2">国能科技〔2015〕12号，计划编号：能源20140803</td></tr>
<tr><td>14</td><td>15</td><td>T02-2</td><td>大中型水电工程建设风险管理规范</td><td></td><td>GB/T 50927—2013</td><td>有效</td><td>住建部</td><td>中电联、中国水力发电工程学会</td><td colspan="2"></td></tr>
<tr><td>15</td><td>16</td><td>T02-3</td><td>梯级水库群风险控制导则</td><td>梯级水库群风险防控设计导则</td><td></td><td>制定</td><td>国家能源局</td><td>水电总院、水电顾问集团等</td><td colspan="2">国能科技〔2015〕12号，计划编号：能源20140855。
制定时拟更名</td></tr>
<tr><td>16</td><td>17</td><td>T02-4</td><td>水电工程安全标识规定</td><td></td><td></td><td>拟编</td><td>国家能源局</td><td></td><td colspan="2">拟按标准族制定</td></tr>
<tr><td>17</td><td>18</td><td>T02-5</td><td>流域水电应急计划及要求</td><td></td><td></td><td>制定</td><td>国家能源局</td><td>水电总院、华东院等</td><td colspan="2">国能科技〔2015〕283号，计划编号：能源20150599。
包括水电工程洪水淹没与应急技术要求</td></tr>
<tr><td colspan="11">T03 监督管理</td></tr>
<tr><td>18</td><td>19</td><td>T03-1</td><td>水电工程技术监督管理规程</td><td></td><td></td><td>拟编</td><td>国家能源局</td><td></td><td colspan="2"></td></tr>
<tr><td>19</td><td>20</td><td>T03-2</td><td>水电工程质量监督管理规程</td><td></td><td></td><td>拟编</td><td>国家能源局</td><td></td><td colspan="2"></td></tr>
<tr><td>20</td><td>21</td><td>T03-3</td><td>水电工程建设安全监督管理规程</td><td></td><td></td><td>拟编</td><td>国家能源局</td><td></td><td colspan="2"></td></tr>
</table>

续表

序号	顺序号	标准体系表编号	标准名称		标准编号	编制状态	批准部门	主编单位	备注
			建议	已有					
T04 环保水保									
21	22	T04-1	水电工程环境保护技术通则			制定	国家能源局	水电总院、贵阳院等	国能科技〔2016〕238号，计划编号：能源20160548
22	23	T04-2	可持续水电评价导则			制定	国家能源局	水电总院、贵阳院	国能综通科技〔2017〕52号，计划编号：能源20170862
23	24	T04-3	水电工程环境监测技术规范			拟编	国家能源局		主要包括：水质、水温、总溶解气体、局地气候、人群健康监测技术内容
24	25	T04-4	水电工程环境风险应急预案编制规程			拟编	国家能源局		
25	26	T04-5	水电工程生态风险评估导则			拟编	国家能源局		
26	27	T04-6	水电工程水土保持监测技术规程			制定	国家能源局	华东院、成都院等	国能科技〔2015〕12号，计划编号:能源20140858。包括遥感监测技术内容
T05 节能									
27	28	T05-1	水电工程节能技术通则			拟编	国家能源局		
28	29	T05-2	水电工程节能设计标准	水电工程节能设计规范		制定	国家能源局	华东院	国能科技〔2015〕283号，计划编号：能源20150551。 制定时拟更名。拟合并《水电工程节能降耗分析设计导则》NB/T 35022—2014的内容
	30			水电工程节能降耗分析设计导则	NB/T 35022—2014	有效	国家能源局	华东院	拟修订时并入《水电工程节能设计标准》
29	31	T05-3	水电工程节能报告编制标准	水电工程节能评估报告编制规定		制定	国家能源局	北京院、水电总院	国能科技〔2015〕283号，计划编号：能源20150563。 制定时拟更名
30	32	T05-4	水电工程节能施工技术标准	水电工程节能施工技术规范		制定	国家能源局	水电总院、葛洲坝集团	国能科技〔2015〕283号，计划编号：能源20150541。 制定时拟更名

续表

<table>
<tr><th rowspan="2">序号</th><th rowspan="2">顺序号</th><th rowspan="2">标准体系表编号</th><th colspan="2">标准名称</th><th rowspan="2">标准编号</th><th rowspan="2">编制状态</th><th rowspan="2">批准部门</th><th rowspan="2">主编单位</th><th rowspan="2" colspan="2">备注</th></tr>
<tr><th>建议</th><th>已有</th></tr>
<tr><td>31</td><td>33</td><td>T05-5</td><td>水电工程节能验收报告编制标准</td><td>水电工程节能验收技术导则</td><td></td><td>制定</td><td>国家能源局</td><td>水电总院、西北院</td><td colspan="2">国能科技〔2015〕283号，计划编号：能源20150542。
制定时拟更名</td></tr>
<tr><td colspan="11">T06 征地移民</td></tr>
<tr><td>32</td><td>34</td><td>T06-1</td><td>水电工程建设征地移民安置技术通则</td><td></td><td></td><td>制定</td><td>国家能源局</td><td>水电总院、贵阳院</td><td colspan="2">国能科技〔2016〕238号，计划编号：能源20160566</td></tr>
<tr><td colspan="11">T07 信息化</td></tr>
<tr><td>33</td><td>35</td><td>T07-1</td><td>水电行业信息化技术通则</td><td>水电工程设计信息模型分类与编码规程</td><td></td><td>制定</td><td>国家能源局</td><td>成都院</td><td colspan="2">国能科技〔2015〕283号，计划编号：能源20150560。
制定时拟更名，主要包括：信息管理、信息基础设施、信息资源、信息应用技术通则</td></tr>
<tr><td>34</td><td>36</td><td>T07-2.1</td><td>水电工程信息分类与编码　第1部分：水文泥沙</td><td></td><td></td><td>制定</td><td>国家能源局</td><td>水电总院、中南院等</td><td>国能综通科技〔2017〕52号，计划编号：能源20170864</td><td rowspan="6">标准族</td></tr>
<tr><td>35</td><td>37</td><td>T07-2.2</td><td>水电工程信息分类与编码　第2部分：规划</td><td></td><td></td><td>制定</td><td>国家能源局</td><td>华东院、成都院</td><td>国能综通科技〔2017〕52号，计划编号：能源20170865</td></tr>
<tr><td>36</td><td>38</td><td>T07-2.3</td><td>水电工程信息分类与编码　第3部分：勘察</td><td></td><td></td><td>制定</td><td>国家能源局</td><td>西北院、成都院等</td><td>国能综通科技〔2017〕52号，计划编号：能源20170866</td></tr>
<tr><td>37</td><td>39</td><td>T07-2.4</td><td>水电工程信息分类与编码　第4部分：水工建筑物</td><td></td><td></td><td>拟编</td><td>国家能源局</td><td></td><td></td></tr>
<tr><td>38</td><td>40</td><td>T07-2.5</td><td>水电工程信息分类与编码　第5部分：机电</td><td></td><td></td><td>制定</td><td>国家能源局</td><td>三峡集团、水电总院等</td><td>国能综通科技〔2017〕52号，计划编号：能源20170896</td></tr>
<tr><td>39</td><td>41</td><td>T07-2.6</td><td>水电工程信息分类与编码　第6部分：金属结构</td><td></td><td></td><td>制定</td><td>国家能源局</td><td>中南院、成都院</td><td>国能综通科技〔2017〕52号，计划编号：能源20170881</td></tr>
</table>

续表

<table>
<tr><th rowspan="2">序号</th><th rowspan="2">顺序号</th><th rowspan="2">标准体系表编号</th><th colspan="2">标准名称</th><th rowspan="2">标准编号</th><th rowspan="2">编制状态</th><th rowspan="2">批准部门</th><th rowspan="2">主编单位</th><th colspan="2" rowspan="2">备注</th></tr>
<tr><th>建议</th><th>已有</th></tr>
<tr><td>40</td><td>42</td><td>T07-2.7</td><td>水电工程信息分类与编码　第7部分：施工组织设计</td><td></td><td></td><td>制定</td><td>国家能源局</td><td>华东院、成都院</td><td>国能综通科技〔2017〕52号，计划编号：能源20170893</td><td rowspan="7">标准族</td></tr>
<tr><td rowspan="2">41</td><td>43</td><td rowspan="2">T07-2.8</td><td>水电工程信息分类与编码　第8部分：建设征地移民安置</td><td></td><td></td><td>制定</td><td>国家能源局</td><td>水电总院、华东院</td><td>国能综通科技〔2017〕52号，计划编号：能源20170913</td></tr>
<tr><td>44</td><td></td><td>水电工程建设征地移民实物指标分类编码规范</td><td></td><td>制定</td><td>国家能源局</td><td>三峡集团、水电总院</td><td>国能科技〔2015〕283号，计划编号：能源20150578。拟修订时并入《水电工程信息分类与编码　第8部分：建设征地移民安置》</td></tr>
<tr><td>42</td><td>45</td><td>T07-2.9</td><td>水电工程信息分类与编码　第9部分：环境保护</td><td></td><td></td><td>制定</td><td>国家能源局</td><td>贵阳院、成都院等</td><td>国能综通科技〔2017〕52号，计划编号：能源20170867</td></tr>
<tr><td>43</td><td>46</td><td>T07-2.10</td><td>水电工程信息分类与编码　第10部分：造价</td><td></td><td></td><td>制定</td><td>国家能源局</td><td>水电总院、北京院</td><td>国能综通科技〔2017〕52号，计划编号：能源20170914</td></tr>
<tr><td>44</td><td>47</td><td>T07-2.11</td><td>水电工程信息分类与编码　第11部分：施工</td><td></td><td></td><td>制定</td><td>国家能源局</td><td>水电八局、水电总院等</td><td>国能综通科技〔2017〕52号，计划编号：能源20170869</td></tr>
<tr><td>45</td><td>48</td><td>T07-2.12</td><td>水电工程信息分类与编码　第12部分：运行维护</td><td></td><td></td><td>拟编</td><td>国家能源局</td><td></td><td></td></tr>
<tr><td>46</td><td>49</td><td>T07-3</td><td>水电工程数据库表结构及标识符</td><td></td><td></td><td>拟编</td><td>国家能源局</td><td></td><td colspan="2">主要包括：水文泥沙、规划、勘察、水工建筑物、机电、金属结构、施工组织设计、建设征地移民安置、环境保护、造价、施工、运行维护的数据库表结构及标识符</td></tr>
</table>

续表

序号	顺序号	标准体系表编号	标准名称		标准编号	编制状态	批准部门	主编单位	备注
			建议	已有					
47	50	T07-4	大坝安全监测数据库表结构及标识符标准		DL/T 1321—2014	有效	国家能源局	国网电力科学研究院	
48	51	T07-5	水电工程基础信息采集规范			制定	国家能源局	昆明院	国能科技〔2016〕238号，计划编号：能源20160550
49	52	T07-6	水电工程设计信息模型数据描述规程			制定	国家能源局	成都院	国能科技〔2015〕283号，计划编号：能源20150559
50	53	T07-7	水电工程设计信息模型数据交付规程			制定	国家能源局	成都院	国能科技〔2015〕283号，计划编号：能源20150561
51	54	T07-8	水电工程数字流域基础地理信息系统技术规范		NB/T 35077—2016	有效	国家能源局	成都院	
T08 档案									
T08.1 档案综合									
52	55	T08.1-1	水电工程档案分类导则			拟编	国家能源局		
53	56	T08.1-2	水电工程项目档案专项验收规程			制定	国家能源局	水电总院、水电顾问集团	国能科技〔2015〕12号，计划编号：能源20140811
54	57	T08.1-3	水电工程档案信息化导则			拟编	国家能源局		
T08.2 收集与整理									
55	58	T08.2-1	水电工程项目编号及产品文件管理规定		NB/T 35075—2015	有效	国家能源局	中南院、水电顾问集团等	
56	59	T08.2-2	水电工程竣工图文件编制规程		NB/T 35083—2016	有效	国家能源局	西北院、中国水利水电建设工程咨询有限公司	

续表

序号	顺序号	标准体系表编号	标准名称		标准编号	编制状态	批准部门	主编单位	备注
			建议	已有					
57	60	T08.2-3	水电工程岩芯档案收集与整理规范			制定	国家能源局	黄河上游水电开发有限责任公司、中国水利水电建设工程咨询有限公司	国能科技〔2015〕283号，计划编号：能源20150564
58	61	T08.2-4	水电工程声像档案收集与整理规范			制定	国家能源局	黄河上游水电开发有限责任公司、中国水利水电建设工程咨询有限公司	国能科技〔2015〕283号，计划编号：能源20150565
59	62	T08.2-5	水电建设项目文件收集与档案整理规范		DL/T 1396—2014	有效	国家能源局	中国电力建设企业协会、黄河上游水电开发有限责任公司等	
60	63	T08.2-6	水电工程生产运行文件收集与档案整理规范			拟编	国家能源局		
T08.3 保管与利用									
61	64	T08.3-1	水电工程档案鉴定销毁管理规程			拟编	国家能源局		

体系分类号　A

专业序列　规划及设计

序号	顺序号	标准体系表编号	标准名称		标准编号	编制状态	批准部门	主编单位	备注
			建议	已有					
A01 通用									
62	65	A01-1	水利水电工程结构可靠性设计统一标准		GB 50199—2013	有效	住建部	水电总院	
63	66	A01-2	水电工程设计防火规范		GB 50872—2014	有效	住建部	水电总院	

续表

序号	顺序号	标准体系表编号	标准名称		标准编号	编制状态	批准部门	主编单位	备注
			建议	已有					
64	67	A01-3	水电工程设计阶段划分及工作规定			拟编	国家能源局		主要包括：设计阶段的划分及主要工作内容和设计深度，明确设计阶段工作流程、各参建单位（建设、设计、咨询、审查、监理）职责，技术工作具体要求
65	68	A01-4	河流水电规划编制规范		DL/T 5042—2010	有效	国家能源局	水电总院、成都院	
66	69	A01-5	抽水蓄能电站选点规划编制规范		NB/T 35009—2013	有效	国家能源局	华东院	
67	70	A01-6	抽水蓄能电站选点规划技术管理规定			制定	国家能源局	中南院	国能综通科技〔2017〕52号，计划编号：能源20170882
68	71	A01-7	水电工程预可行性研究报告编制规程		DL/T 5206—2005	修订	国家发改委	水电总院	国能科技〔2015〕283号，计划编号：能源20150603
69	72	A01-8	水电工程可行性研究报告编制规程		DL/T 5020—2007	修订	国家发改委	水电总院	国能科技〔2015〕283号，计划编号：能源2015060。拟在附录中增加正常蓄水位选择、施工总布置规划、安全监测设计、防震抗震研究设计专题报告编制的有关规定
70	73	A01-9	水电工程招标设计报告编制规程		DL/T 5212—2005	有效	国家发改委	水电总院	拟修订
71	74	A01-10	水电工程合理使用年限及耐久性设计规范			制定	国家能源局	昆明院、西北院等	国能科技〔2015〕283号，计划编号：能源20150550
72	75	A01-11	水电工程设计工程量计算规定（2010年版）		国能新能〔2010〕214号	有效	国家能源局	水电总院（可再生能源定额站）	
73	76	A01-12	水电工程防震抗震设计规范		NB 35057—2015	有效	国家能源局	水电总院、水电顾问集团	

续表

序号	顺序号	标准体系表编号	标准名称		标准编号	编制状态	批准部门	主编单位	备注
			建议	已有					
74	77	A01-13	水力发电厂劳动定员标准			拟编	国家能源局		
75	78	A01-14	抽水蓄能电站设计规范	抽水蓄能电站设计导则	DL/T 5208—2005	修订	国家发改委	北京院	国能科技〔2012〕83号，计划编号：能源20120107。修订时拟更名
76	79	A01-15	水电工程沟水治理设计规范	水电工程沟水处理设计规范		制定	国家能源局	成都院、贵阳院	国能科技〔2015〕12号，计划编号：能源20140816。制定时拟更名
77	80	A01-16	水电工程下闸蓄水规划报告编制规程			制定	国家能源局	水电总院、华东院等	国能综通科技〔2017〕52号，计划编号：能源20170892
A02 水文泥沙									
A02.1 气象									
78	81	A02.1-1	水电工程气象观测规范			拟编	国家能源局		
A02.2 陆地水文									
79	82	A02.2-1	水电工程水文测验及资料整编规范			拟编	国家能源局		
80	83	A02.2-2	水电工程水文计算规范	水电水利工程水文计算规范	DL/T 5431—2009	修订	国家能源局	成都院	国能科技〔2015〕283号，计划编号:能源20150592。重点完善水位流量关系的内容
81	84	A02.2-3	水电工程小流域水文计算规范		NB/T 35095—2017	有效	国家能源局	成都院	
82	85	A02.2-4	水电工程设计洪水计算规范		NB/T 35046—2014	有效	国家能源局	水电顾问集团、水电总院等	
83	86	A02.2-5	水电工程可能最大洪水计算规范			制定	国家能源局	成都院	国能科技〔2016〕238号，计划编号：能源20160551
A02.3 泥沙									
84	87	A02.3-1	水电工程泥沙设计规范		NB/T 35049—2015	有效	国家能源局	成都院	
85	88	A02.3-2	水电工程泥沙模型试验规程			制定	国家能源局	成都院	国能综通科技〔2017〕52号，计划编号：能源20170410

续表

序号	顺序号	标准体系表编号	标准名称		标准编号	编制状态	批准部门	主编单位	备注
			建议	已有					
86	89	A02.3-3	水电工程泥沙监测系统技术规范			拟编	国家能源局		
A02.4 水情测报									
87	90	A02.4-1	水电工程水情自动测报系统技术规范		NB/T 35003—2013	有效	国家能源局	水电总院、中南院等	拟修订时包括水文监测数据通信规约
A03 工程规划									
A03.1 水能规划									
88	91	A03.1-1	水力资源调查规范	水能（水力）资源调查规范		制定	国家能源局	水电总院	国能科技〔2011〕27号，计划编号：能源20110005。制定时拟更名
89	92	A03.1-2	水电工程动能设计规范		NB/T 35061—2015	有效	国家能源局	中南院	
90	93	A03.1-3	水电工程水利计算规范		DL/T 5105—1999	修订	国家经贸委	西北院	国能科技〔2015〕12号，计划编号：能源20140859
91	94	A03.1-4	水电工程水库回水计算规范		NB/T 35093—2017	有效	国家能源局	华东院	
92	95	A03.1-5	水电工程溃坝洪水与非恒定流计算规范	水电水利工程溃坝洪水模拟技术规程	DL/T 5360—2006	修订	国家发改委	武汉大学实验室、长科院	国能综通科技〔2017〕52号，计划编号：能源20170912
93	96	A03.1-6	抽水蓄能电站水能规划设计规范		NB/T 35071—2015	有效	国家能源局	华东院	
94	97	A03.1-7	潮汐电站资源调查规范			制定	国家能源局	华东院	国能科技〔2015〕12号，计划编号：能源20140857
95	98	A03.1-8	潮汐电站水能规划设计规范			制定	国家能源局	华东院	国能科技〔2015〕12号，计划编号：能源20140856
A03.2 经济评价									
96	99	A03.2-1	水电建设项目经济评价规范		DL/T 5441—2010	有效	国家能源局	水电总院	拟修订
97	100	A03.2-2	抽水蓄能电站经济评价规范			制定	国家能源局	水电总院、北京院等	国能综通科技〔2017〕52号，计划编号：能源20170876

续表

序号	顺序号	标准体系表编号	标准名称		标准编号	编制状态	批准部门	主编单位	备注
			建议	已有					
A04 工程勘察									
A04.1 工程勘察综合									
98	101	A04.1-1	水力发电工程地质勘察规范		GB 50287—2016	有效	住建部	中电联、水电总院	
99	102	A04.1-2	中小型水力发电工程地质勘察规范		DL/T 5410—2009	修订	国家能源局	昆明院	国能科技〔2015〕283号，计划编号：能源20150549
100	103	A04.1-3	水电工程三维地质建模技术规程			制定	国家能源局	华东院	国能科技〔2011〕252号，计划编号：能源20110154
A04.2 工程地质									
101	104	A04.2-1	水电工程水库地震监测总体规划设计报告编制规程	水力发电工程水库地震监测总体规划设计专题报告编制规程		制定	国家能源局	国家能源水电工程技术研发中心、水电顾问集团	国能科技〔2014〕298号，计划编号：能源20140428。制定时拟更名
102	105	A04.2-2	水电工程区域构造稳定性勘察规程	水电水利工程区域构造稳定性勘察技术规程	DL/T 5335—2006	修订	国家发改委	水电总院、长江水利委员会综合勘测局	国能科技〔2010〕320号，计划编号：能源20100374。修订时拟更名
103	106	A04.2-3	水电工程地质测绘规程	水电水利工程地质测绘规程	DL/T 5185—2004	修订	国家发改委	昆明院、水电顾问集团	国能科技〔2015〕12号，计划编号：能源20140805。修订时拟更名
104	107	A04.2-4	水电工程水库区工程地质勘察规程	水电水利工程水库区工程地质勘察技术规程	DL/T 5336—2006	修订	国家发改委	水电总院、长委设计院	国能科技〔2015〕12号，计划编号：能源20140804。修订时不再包括“移民安置及专项复建工程勘察”的内容
105	108	A04.2-5	水电工程水库影响区界定专题报告编制规程	可再生能源工程水库影响区界定专题报告编制规程		制定	国家能源局	成都院	国能科技〔2014〕298号，计划编号：能源20140430
106	109	A04.2-6	水电工程移民安置及专项复建工程勘察规程	水电工程移民安置区工程地质勘察规程	NB/T 35085—2016	有效	国家能源局	华东院、水电总院	拟修订时合并，更名为

续表

<table>
<tr><th rowspan="2">序号</th><th rowspan="2">顺序号</th><th rowspan="2">标准体系表编号</th><th colspan="2">标准名称</th><th rowspan="2">标准编号</th><th rowspan="2">编制状态</th><th rowspan="2">批准部门</th><th rowspan="2">主编单位</th><th rowspan="2" colspan="2">备注</th></tr>
<tr><th>建议</th><th>已有</th></tr>
<tr><td rowspan="2">106</td><td>110</td><td rowspan="2">A04.2-6</td><td rowspan="2">水电工程移民安置及专项复建工程勘察规程</td><td>水电工程水库库岸防护工程勘察技术规程</td><td></td><td>制定</td><td>国家能源局</td><td>成都院</td><td>国能科技〔2015〕12号,计划编号:能源20140819</td><td rowspan="2">《水电工程移民安置及专项复建工程勘察规程》</td></tr>
<tr><td>111</td><td>水电工程水库专项复建勘察技术规程</td><td></td><td>制定</td><td>国家能源局</td><td>成都院</td><td>国能科技〔2015〕12号,计划编号:能源20140821</td></tr>
<tr><td rowspan="2">107</td><td>112</td><td rowspan="2">A04.2-7</td><td rowspan="2">水电工程边坡工程地质勘察规程</td><td>水电水利工程边坡工程地质勘察技术规程</td><td>DL/T 5337—2006</td><td>修订</td><td>国家发改委</td><td>水电总院、中南院</td><td>国能科技〔2015〕12号,计划编号:能源20140806</td><td rowspan="2">拟修订时合并为《水电工程边坡工程地质勘察规程》</td></tr>
<tr><td>113</td><td>水电工程环境边坡危岩体工程地质勘察技术规程</td><td></td><td>制定</td><td>国家能源局</td><td>成都院</td><td>国能科技〔2015〕12号,计划编号:能源20140817。拟更名为《水电工程危岩体工程地质勘察与防治规程》</td></tr>
<tr><td>108</td><td>114</td><td>A04.2-8</td><td>水电工程岩溶工程地质勘察规程</td><td>水电水利工程喀斯特工程地质勘察技术规程</td><td>DL/T 5338—2006</td><td>修订</td><td>国家发改委</td><td>水电总院、昆明院</td><td colspan="2">国能科技〔2015〕12号,计划编号:能源20140808。
修订时拟更名</td></tr>
<tr><td>109</td><td>115</td><td>A04.2-9</td><td>水电工程天然建筑材料勘察规程</td><td>水电水利工程天然建筑材料勘察规程</td><td>DL/T 5388—2007</td><td>修订</td><td>国家发改委</td><td>水电总院、昆明院等</td><td colspan="2">国能科技〔2015〕12号,计划编号:能源20140823。
修订时拟更名</td></tr>
<tr><td>110</td><td>116</td><td>A04.2-10</td><td>水电工程坝址工程地质勘察规程</td><td>水电水利工程坝址工程地质勘察技术规程</td><td>DL/T 5414—2009</td><td>修订</td><td>国家能源局</td><td>成都院</td><td colspan="2">国能科技〔2015〕283号,计划编号:能源20150555。
修订时拟更名</td></tr>
<tr><td>111</td><td>117</td><td>A04.2-11</td><td>水电工程地下建筑物工程地质勘察规程</td><td>水电水利工程地下建筑物工程地质勘察技术规程</td><td>DL/T 5415—2009</td><td>修订</td><td>国家能源局</td><td>成都院</td><td colspan="2">国能科技〔2015〕283号,计划编号:能源20150554。
修订时拟更名</td></tr>
<tr><td>112</td><td>118</td><td>A04.2-12</td><td>水电工程水文地质勘察规程</td><td></td><td></td><td>制定</td><td>国家能源局</td><td>昆明院、华东院等</td><td colspan="2">国能科技〔2015〕12号,计划编号:能源20140838</td></tr>
<tr><td>113</td><td>119</td><td>A04.2-13</td><td>水电工程岩爆风险评估规范</td><td></td><td></td><td>制定</td><td>国家能源局</td><td>中科院武汉岩土所、华东院等</td><td colspan="2">国能科技〔2015〕283号,计划编号:能源20150540</td></tr>
</table>

续表

序号	顺序号	标准体系表编号	标准名称		标准编号	编制状态	批准部门	主编单位	备注
			建议	已有					
114	120	A04.2-14	水电工程泥石流勘察与防治规程			制定	国家能源局	成都院、华东院	国能科技〔2012〕326号，计划编号：能源20120412
115	121	A04.2-15	抽水蓄能电站工程地质勘察规程			制定	国家能源局	水电总院、北京院	国能科技〔2013〕235号，计划编号：能源20130100
116	122	A04.2-16	潮汐发电工程勘察规范			制定	国家能源局	华东院、浙江华东建设工程有限公司	国能科技〔2014〕298号，计划编号：能源20140437
A04.3 岩土工程									
117	123	A04.3-1	水电工程软土地基加固处理技术规程	可再生能源工程软土地基加固处理技术规程		制定	国家能源局	华东院	国能科技〔2014〕298号，计划编号：能源20140438。制定时拟更名
118	124	A04.3-2	水电工程覆盖层预应力锚索技术规范	覆盖层预应力锚索设计规范		制定	国家能源局	成都院	国能科技〔2013〕235号，计划编号：能源20130105。制定时已更名
119	125	A04.3-3	水电工程水库塌岸及滑坡治理技术规程	可再生能源工程水库塌岸及滑坡治理技术规程		制定	国家能源局	西北院	国能科技〔2014〕298号，计划编号：能源20140429。制定时拟更名
A04.4 工程测量									
120	126	A04.4-1.1	水电工程测量规范		NB/T 35029—2014	有效	国家能源局	北京院	
	127	A04.4-1.2	水电工程三维激光扫描测量规程	可再生能源工程三维激光扫描测量技术规程		制定	国家能源局	成都院、华东院等	国能科技〔2014〕298号，计划编号：能源20140432。制定时已更名
	128	A04.4-1.3	水电工程全球导航卫星系统（GNSS）测量规程	水电工程GNSS测量技术规程		制定	国家能源局	成都院	国能科技〔2015〕12号，计划编号：能源20140820。制定时已更名
	129	A04.4-1.4	水电工程土地利用现状测绘技术规程	可再生能源工程土地利用现状测绘技术规程		制定	国家能源局	成都院	国能科技〔2015〕283号，计划编号：能源20150562。制定时拟更名

续表

序号	顺序号	标准体系表编号	标准名称		标准编号	编制状态	批准部门	主编单位	备注
			建议	已有					
A04.5 工程勘探									
121	130	A04.5-1	水电工程钻探规程	水电水利工程钻探规程	DL/T 5013—2005	修订	国家发改委	成都院	国能科技〔2015〕12号，计划编号：能源20140814。修订时拟更名为《水电工程钻探规程》
	131			水电工程覆盖层钻探技术规程	NB/T 35066—2015	有效	国家能源局	成都院、成都水利水电建设有限责任公司	拟修订时并入《水电工程钻探规程》
122	132	A04.5-2	水电工程坑探规程	水电水利工程坑探规程	DL/T 5050—2010	修订	国家能源局	成都院、成都水利水电建设有限责任公司	国能科技〔2016〕238号，计划编号：能源20160552。修订时拟更名
123	133	A04.5-3	水电工程勘探验收规程		NB/T 35028—2014	有效	国家能源局	昆明院	
A04.6 工程物探									
124	134	A04.6-1	水电工程物探规范	水电水利工程物探规程	DL/T 5010—2005	修订	国家发改委	贵阳院	国能科技〔2015〕12号，计划编号：能源20140837。标准族，待全部族标准修订时拟合并为《水电工程物探规范》
	135	A04.6-1.1		水电工程地震勘探技术规程	NB/T 35065—2015	有效	国家能源局	成都院、四川中水成勘院工程勘察有限责任公司	拟修订时并入《水电工程物探规范》
	136	A04.6-1.2		水电工程探地雷达探测技术规程		制定	国家能源局	昆明院	国能科技〔2013〕526号，计划编号：能源20130841
	137	A04.6-1.3		水电工程电法勘探技术规程		制定	国家能源局	北京院、贵阳院	国能科技〔2013〕526号，计划编号：能源20130842
	138	A04.6-1.4		水电工程弹性波测试技术规程		制定	国家能源局	西北院	国能科技〔2013〕526号，计划编号：能源20130846
	139	A04.5-1.5		水电工程层析成像技术规程		制定	国家能源局	华东院、浙江华东工程安全技术有限公司	国能科技〔2014〕298号，计划编号：能源20140439

<table>
<tr><th rowspan="2">序号</th><th rowspan="2">顺序号</th><th rowspan="2">标准体系表编号</th><th colspan="2">标准名称</th><th rowspan="2">标准编号</th><th rowspan="2">编制状态</th><th rowspan="2">批准部门</th><th rowspan="2">主编单位</th><th rowspan="2" colspan="2">备注</th></tr>
<tr><th>建议</th><th>已有</th></tr>
<tr><td rowspan="3"></td><td>140</td><td>A04.6-1.6</td><td rowspan="3"></td><td>水电工程地球物理测井技术规程</td><td></td><td>制定</td><td>国家能源局</td><td>中南院、昆明院等</td><td>国能科技〔2015〕12号，计划编号：能源20140812</td><td rowspan="3">拟修订时并入《水电工程物探规范》</td></tr>
<tr><td>141</td><td>A04.6-1.7</td><td>水电工程电磁法勘探技术规程</td><td></td><td>制定</td><td>国家能源局</td><td>贵阳院</td><td>国能科技〔2015〕12号，计划编号：能源 20140839</td></tr>
<tr><td>142</td><td>A04.6-1.8</td><td>水电工程放射性探测技术规程</td><td></td><td>制定</td><td>国家能源局</td><td>贵阳院</td><td>国能科技〔2015〕283号，计划编号：能源 20150552</td></tr>
<tr><td colspan="11">A04.7 岩土试验</td></tr>
<tr><td>125</td><td>143</td><td>A04.7-1</td><td>工程岩体试验方法标准</td><td></td><td>GB/T 50266—2013</td><td>有效</td><td>住建部</td><td>成都院、水电总院等</td><td colspan="2"></td></tr>
<tr><td>126</td><td>144</td><td>A04.7-2</td><td>水电工程钻孔土工原位测试规程</td><td>水电水利工程钻孔土工试验规程</td><td>DL/T 5354—2006</td><td>修订</td><td>国家发改委</td><td>贵阳院</td><td colspan="2">国能科技〔2014〕298号，计划编号：能源 20140441</td></tr>
<tr><td rowspan="2">127</td><td>145</td><td rowspan="2">A04.7-3</td><td rowspan="2">水电工程土工试验规程</td><td>水电水利工程土工试验规程</td><td>DL/T 5355—2006</td><td>修订</td><td>国家发改委</td><td>成都院</td><td colspan="2" rowspan="2">国能综通科技〔2017〕52号，计划编号：能源 20170403</td></tr>
<tr><td>146</td><td>水电水利工程粗粒土试验规程</td><td>DL/T 5356—2006</td><td>修订</td><td>国家发改委</td><td>成都院</td></tr>
<tr><td>128</td><td>147</td><td>A04.7-4</td><td>水电工程岩土化学分析试验规程</td><td>水电水利工程岩土化学分析试验规程</td><td>DL/T 5357—2006</td><td>修订</td><td>国家发改委</td><td>成都院</td><td colspan="2">国能综通科技〔2017〕52号，计划编号：能源 20170404</td></tr>
<tr><td rowspan="2">129</td><td>148</td><td rowspan="2">A04.7-5</td><td rowspan="2">水电工程岩体试验规程</td><td>水电水利工程岩石试验规程</td><td>DL/T 5368—2007</td><td>修订</td><td>国家发改委</td><td>成都院</td><td colspan="2" rowspan="2">国能综通科技〔2017〕52号，计划编号：能源 20170405</td></tr>
<tr><td>149</td><td>水电水利工程岩体应力测试规程</td><td>DL/T 5367—2007</td><td>修订</td><td>国家发改委</td><td>成都院</td></tr>
<tr><td>130</td><td>150</td><td>A04.7-6</td><td>水电工程岩土试验仪器设备校验规程</td><td></td><td></td><td>拟编</td><td>国家能源局</td><td></td><td colspan="2"></td></tr>
<tr><td colspan="11">A04.8 水文地质测试</td></tr>
<tr><td>131</td><td>151</td><td>A04.8-1</td><td>水电工程地质勘察水质分析规程</td><td></td><td>NB/T 35052—2015</td><td>有效</td><td>国家能源局</td><td>华东院、河海大学</td><td colspan="2"></td></tr>
</table>

续表

序号	顺序号	标准体系表编号	标准名称		标准编号	编制状态	批准部门	主编单位	备注
			建议	已有					
132	152	A04.8-2.1	水电工程钻孔抽水试验规程	水电水利工程钻孔抽水试验规程	DL/T 5213—2005	修订	国家发改委	成都院	国能科技〔2015〕12号，计划编号：能源20140813。修订时拟更名，并合并《水电工程钻孔振荡式渗透试验规程》的内容
	153	A04.8-2.2		水电工程钻孔振荡式渗透试验规程		制定	国家能源局	成都院、河海大学	国能科技〔2015〕12号，计划编号：能源20140822。拟修订时并入《水电工程钻孔抽水试验规程》
133	154	A04.8-3	水电工程钻孔压水试验规程	水电水利工程钻孔压水试验规程	DL/T 5331—2005	修订	国家发改委	华东院、浙江华东建设工程有限公司	国能科技〔2015〕12号，计划编号：能源20140807。修订时拟更名
134	155	A04.8-4	水电工程钻孔注水试验规程	水电工程注水试验规程		制定	国家能源局	成都院	国能科技〔2015〕12号，计划编号：能源20140818。制定时已更名
A04.9 岩土与水体监测									
135	156	A04.9-1.1	水电工程岩体观测规程	水电水利工程岩体观测规程	DL/T 5006—2007	修订	国家发改委	成都院	国能科技〔2015〕283号，计划编号：能源20150558 标准族
136	157	A04.9-1.2	水电岩土工程及岩体测试造孔规程	水电水利岩土工程施工及岩体测试造孔规程	DL/T 5125—2009	修订	国家能源局	西北院、西北水利水电工程有限责任公司	国能科技〔2015〕12号，计划编号：能源20140810 标准族
137	158	A04.9-2	水电工程地质观测规程		NB/T 35039—2014	有效	国家能源局	华东院	
A05 水工建筑物									
A05.1 水工综合									
138	159	A05.1-1	水工混凝土技术性能规定			拟编	国家能源局		
139	160	A05.1-2	水工沥青技术性能规定			拟编	国家能源局		
140	161	A05.1-3	水工混凝土结构设计规范		DL/T 5057—2009	修订	国家能源局	西北院	国能科技〔2016〕238号，计划编号：能源20160554

续表

序号	顺序号	标准体系表编号	标准名称		标准编号	编制状态	批准部门	主编单位	备注	
			建议	已有						
141	162	A05.1-4	水工建筑物荷载设计规范		DL 5077—1997	修订	电力工业部	中南院	住建部2013年工程建设标准规范制定修订计划（建标〔2013〕6号），项目序号36	
142	163	A05.1-5	水电工程水工建筑物抗震设计规范		NB 35047—2015	有效	国家能源局	水电总院、水科院		
143	164	A05.1-6	水工建筑物抗冰冻设计规范		NB/T 35024—2014	有效	国家能源局	西北院		
144	165	A05.1-7	水工隧洞设计规范		DL/T 5195—2004	修订	国家发改委	成都院	国能科技〔2015〕12号，计划编号：能源20140815	
145	166	A05.1-8	水工挡土墙设计规范			制定	国家能源局	昆明院、成都院等	国能综通科技〔2017〕52号，计划编号：能源20170894	
146	167	A05.1-9	水电工程预应力锚固设计规范		DL/T 5176—2003	修订	国家经贸委	东北院	国能科技〔2015〕12号，计划编号：能源20140809	
147	168	A05.1-10	水电工程泄洪雾化分级标准与分区防护设计规程			制定	国家能源局	南科院	国能科技〔2015〕283号，计划编号：能源20150566	
A05.2 挡水建筑物										
148	169	A05.2-1.1	重力坝设计规范 第1部分：混凝土重力坝	混凝土重力坝设计规范	NB/T 35026—2014	有效	国家能源局	华东院	拟修订时更名	标准族
149	170	A05.2-1.2	重力坝设计规范 第2部分：碾压混凝土重力坝	水电水利工程碾压混凝土重力坝设计规范		制定	国家发改委	中南院	发改办工业〔2008〕1242号，计划编号：电力行业43。制定时拟更名	
150	171	A05.2-1.3	重力坝设计规范 第3部分：堆石混凝土重力坝	堆石混凝土筑坝技术导则		制定	国家能源局	华东院、清华大学	国能科技〔2014〕298号，计划编号：能源20140435。制定时拟更名	
151	172	A05.2-2.1	拱坝设计规范 第1部分：混凝土拱坝	混凝土拱坝设计规范	DL/T 5346—2006	修订	国家发改委	成都院	国能科技〔2015〕283号，计划编号：能源20150556。修订时拟更名	标准族

续表

序号	顺序号	标准体系表编号	标准名称 建议	标准名称 已有	标准编号	编制状态	批准部门	主编单位	备注
152	173	A05.2-2.2	拱坝设计规范 第2部分：碾压混凝土拱坝	碾压混凝土拱坝设计规范		制定	国家能源局	贵阳院	国能科技〔2014〕298号，计划编号：能源20140440。制定时拟更名；标准族
153	174	A05.2-3.1	土石坝设计规范 第1部分：碾压式土石坝	碾压式土石坝设计规范	DL/T 5395—2007	修订	国家发改委	西北院	国能科技〔2015〕283号，计划编号：能源20150545。修订时拟更名；标准族
154	175	A05.2-3.2	土石坝设计规范 第2部分：混凝土面板堆石坝	混凝土面板堆石坝设计规范	DL/T 5016—2011	修订	国家能源局	昆明院	国能综通科技〔2017〕52号，计划编号：能源20170909。修订时拟更名；标准族
155	176	A05.2-3.3	土石坝设计规范 第3部分：沥青混凝土面板和心墙	土石坝沥青混凝土面板和心墙设计规范	DL/T 5411—2009	修订	国家能源局	华东院、西安理工大学	国能综通科技〔2017〕52号，计划编号：能源20170910。修订时拟更名；标准族
156	177	A05.2-4	水电工程土工膜防渗技术规范		NB/T 35027—2014	有效	国家能源局	水电总院、华东院等	
A05.3 泄水建筑物									
157	178	A05.3-1	水闸设计规范		NB/T 35023—2014	有效	国家能源局	成都院	
158	179	A05.3-2	溢洪道设计规范		DL/T 5166—2002	修订	国家经贸委	中南院	国能科技〔2009〕163号，计划编号：能源20090176
159	180	A05.3-3	水电工程泄水建筑物消能防冲设计导则	水电工程大泄量泄洪消能防冲设计导则		制定	国家能源局		国能科技〔2009〕163号，计划编号：能源20090158。制定时拟更名
A05.4 输水建筑物									
160	181	A05.4-1	水电站调压室设计规范	水电站调压室设计规范	NB/T 35021—2014	有效	国家能源局	华东院	拟修订时合并为《水电站调压室设计规范》
	182			水电站气垫式调压室设计规范	NB/T 35080—2016	有效	国家能源局	成都院	
161	183	A05.4-2	水电站引水渠道及前池设计规范		DL/T 5079—2007	修订	国家发改委	北京院	国能综通科技〔2017〕52号，计划编号：能源20170877
162	184	A05.4-3	水电工程沉沙池设计规范	水电水利工程沉沙池设计规范	DL/T 5107—1999	修订	国家经贸委	成都院	国能科技〔2015〕283号，计划编号：能源20150557。修订时拟更名

续表

序号	顺序号	标准体系表编号	标准名称		标准编号	编制状态	批准部门	主编单位	备注
			建议	已有					
163	185	A05.4-4	水电站进水口设计规范		DL/T 5398—2007	修订	国家发改委	西北院	国能科技〔2015〕283号，计划编号：能源20150543
164	186	A05.4-5.1	水电站压力钢管设计规范		NB/T 35056—2015	有效	国家能源局	西北院	标准族
165	187	A05.4-5.2	水电站地下埋藏式月牙肋钢岔管设计规范	地下埋藏式月牙肋岔管设计规范		制定	国家能源局	北京院	国能科技〔2014〕298号，计划编号：能源20140433。制定时已更名
A05.5 电站厂房									
166	188	A05.5-1	水电站厂房设计规范	水电站厂房设计规范	NB 35011—2016	有效	国家能源局	成都院	拟修订时并入《水电站厂房设计规范》
	189			水电站地下厂房设计规范	NB/T 35090—2016	有效	国家能源局	成都院	
	190			地下厂房岩壁吊车梁设计规范	NB/T 35079—2016	有效	国家能源局	中南院	
A05.6 通航建筑物									
167	191	A05.6-1	水电工程通航建筑物设计规范			制定	国家能源局	水电总院、华东院	国能综通科技〔2017〕52号，计划编号：能源20170895
A05.7 边坡工程									
168	192	A05.7-1	水电水利工程边坡设计规范		DL/T 5353—2006	修订	国家发改委	西北院、贵阳院	国能科技〔2013〕526号，计划编号：能源20130845
A05.8 水工模型试验									
169	193	A05.8-1	土工离心模型试验技术规程		DL/T 5102—2013	有效	国家能源局	水科院	
170	194	A05.8-2	水电工程水工模型试验规程	水电水利工程常规水工模型试验规程	DL/T 5244—2010	有效	国家能源局	武汉大学实验室、长科院	拟修订时合并为《水电工程水工模型试验规程》
	195			水电水利工程掺气减蚀模型试验规程	DL/T 5245—2010	有效	国家能源局	长科院、中南院	
	196			水电站有压输水系统水工模型试验规程	DL/T 5247—2010	有效	国家能源局	长科院、武汉大学实验室	

续表

序号	顺序号	标准体系表编号	标准名称		标准编号	编制状态	批准部门	主编单位	备注
			建议	已有					
170	197	A05.8-2	水电工程水工模型试验规程	水电水利工程水流空化模型试验规程	DL/T 5359—2006	有效	国家发改委	长科院、武汉大学实验室	拟修订时合并为《水电工程水工模型试验规程》
171	198	A05.8-3	水电工程泄洪雾化水工模型试验规程			制定	国家能源局	南科院	国能科技〔2015〕283号，计划编号：能源20150567
172	199	A05.8-4	水电水利工程航道水力学模拟技术规程			制定	国家能源局	长科院	国能科技〔2010〕320号，计划编号：能源20100295
173	200	A05.8-5	水电水利工程闸门水力学和流激振动模拟技术规程			制定	国家能源局	长科院	国能科技〔2010〕320号，计划编号：能源20100294
174	201	A05.8-6	水电工程泄水建筑物水力学数值模拟技术规程			制定	国家能源局	成都院	国能综通科技〔2017〕52号，计划编号：能源20170427
175	202	A05.8-7	水工与河工模型常用仪器校验方法			拟编	国家能源局		
176	203	A05.8-8	水电水利工程滑坡涌浪模拟技术规程		DL/T 5246—2010	有效	国家能源局	长科院、武汉大学实验室	
A06 机电									
A06.1 机电综合									
177	204	A06.1-1	水力发电厂机电设计规范		DL/T 5186—2004	修订	国家发改委	水电总院	国能科技〔2014〕298号，计划编号：能源20140444。拟增加技术改造和增容设计的内容
178	205	A06.1-2	水力发电厂电气试验设备配置导则		DL/T 5401—2007	有效	国家发改委	水电总院	拟修订
179	206	A06.1-3	水电站调节保证设计导则			制定	国家能源局	水电总院、北京院	国能科技〔2012〕83号，计划编号：能源20120109

续表

序号	顺序号	标准体系表编号	标准名称		标准编号	编制状态	批准部门	主编单位	备注
			建议	已有					
A06.2 机组及附属设备									
180	207	A06.2-1	水轮发电机组状态在线监测系统技术导则		GB/T 28570—2012	有效	国家质检总局、国标委	中国水利水电建设集团公司、水电顾问集团等	
181	208	A06.2-2	水轮发电机组状态在线监测系统技术条件		DL/T 1197—2012	有效	国家能源局	北京院、水科院等	
182	209	A06.2-3	反击式水轮机泥沙磨损技术导则		GB/T 29403—2012	有效	国家质检总局、国标委	水科院	
183	210	A06.2-4	水电工程水力机械抗泥沙磨蚀技术导则			拟编	国家能源局		包括反击式水轮机、水泵水轮机和水斗式水轮机抗泥沙磨蚀的内容
184	211	A06.2-5	大中型水轮机选用导则		DL/T 445—2002	修订	国家经贸委	昆明院	国能科技〔2015〕283号，计划编号：能源20150574
185	212	A06.2-6	水轮发电机组振动监测装置设置导则		DL/T 556—2016	有效	国家能源局	龙滩水电开发有限公司	
186	213	A06.2-7	水轮机进水液动蝶阀选用、试验及验收导则		DL/T 1068—2007	有效	国家发改委	湖北洪城通用机械股份有限公司、水电总院	拟修订
187	214	A06.2-8	水轮机筒形阀技术规范		NB/T 35089—2016	有效	国家能源局	昆明院、成都院等	
188	215	A06.2-9	水轮机进水球阀选用、试验及验收规范	水轮机进水球阀选用、试验及验收导则		制定	国家能源局	中南院、哈电公司	国能科技〔2015〕12号，计划编号：能源20140843。制定时已更名
189	216	A06.2-10	水电机组机械液压过速保护装置基本技术条件		NB/T 35088—2016	有效	国家能源局	成都院、成都鑫华维电力设备工程有限公司等	
190	217	A06.2-11	水轮机调节系统设计与应用导则		DL/T 1548—2016	有效	国家能源局	水科院、五凌电力有限公司	

续表

序号	顺序号	标准体系表编号	标准名称		标准编号	编制状态	批准部门	主编单位	备注
			建议	已有					
	218			水轮机调节系统技术导则		制定	国家能源局	水科院	国能科技〔2010〕320号，计划编号：能源20100316。拟取消制定计划
A06.3 电气系统及设备									
191	219	A06.3-1	水电工程三相交流系统短路电流计算导则		NB/T 35043—2014	有效	国家能源局	北京院	
192	220	A06.3-2	水力发电厂厂用电设计规程		NB/T 35044—2014	有效	国家能源局	华东院	
193	221	A06.3-3	水力发电厂接地设计技术导则		NB/T 35050—2015	有效	国家能源局	成都院	
194	222	A06.3-4	水力发电厂过电压保护和绝缘配合设计技术导则		NB/T 35067—2015	有效	国家能源局	成都院	
195	223	A06.3-5	气体绝缘金属封闭开关设备配电装置设计规范	水力发电厂气体绝缘金属封闭开关设备配电装置设计规范	DL/T 5139—2001	修订	国家经贸委	中国水力发电工程学会电气专业委员会	国能科技〔2016〕238号，计划编号：能源20160561。修订时拟更名
196	224	A06.3-6	水力发电厂交流110kV～500kV电力电缆工程设计规范		DL/T 5228—2005	修订	国家发改委	水电总院、华东院等	国能科技〔2016〕238号，计划编号：能源20160559
197	225	A06.3-7	水力发电厂高压电气设备选择及布置设计规范		DL/T 5396—2007	修订	国家发改委	西北院	国能科技〔2016〕238号，计划编号：能源20160560
198	226	A06.3-8	抽水蓄能电站SFC设备选型设计导则			制定	国家能源局	北京院	国能综通科技〔2017〕52号，计划编号：能源20170868
A06.4 控制保护通信系统及设备									
199	227	A06.4-1	梯级水电站水调自动化系统设计规范		NB/T 35001—2011	有效	国家能源局	西北院、国网电力科学研究院	

续表

序号	顺序号	标准体系表编号	标准名称		标准编号	编制状态	批准部门	主编单位	备注
			建议	已有					
200	228	A06.4-2	水力发电厂工业电视系统设计规范		NB/T 35002—2011	有效	国家能源局	西北院、水电总院	
201	229	A06.4-3	水力发电厂自动化设计技术规范		NB/T 35004—2013	有效	国家能源局	北京院、水电总院	
202	230	A06.4-4	水力发电厂继电保护设计规范		NB/T 35010—2013	有效	国家能源局	中南院、水电总院	
203	231	A06.4-5	水力发电厂通信设计规范		NB/T 35042—2014	有效	国家能源局	西北院	
204	232	A06.4-6	水电厂计算机监控系统设计规定	水力发电厂计算机监控系统设计规范	DL/T 5065—2009	修订	国家能源局	北京院、水电总院	国能科技〔2015〕283号，计划编号：能源20150570。修订时拟更名
205	233	A06.4-7	水力发电厂二次接线设计规范		NB/T 35076—2016	有效	国家能源局	成都院、水电总院	
206	234	A06.4-8	水电工程通信设计内容和深度规定	水电水利工程通信设计内容和深度规定	DL/T 5184—2004	修订	国家发改委	西北院	国能科技〔2015〕12号，计划编号：能源20140846。修订时拟更名
207	235	A06.4-9	梯级水电厂集中监控工程设计规范		DL/T 5345—2006	修订	国家发改委	水电总院、北京院等	国能科技〔2015〕283号，计划编号：能源20150571
208	236	A06.4-10	水力发电厂测量装置配置设计规范		DL/T 5413—2009	修订	国家能源局	西北院	国能科技〔2016〕238号，计划编号：能源20160557
209	237	A06.4-11	水力发电厂门禁系统设计导则			制定	国家能源局	北京院	国能科技〔2014〕298号，计划编号：能源20140445
210	238	A06.4-12	流域梯级水电站通信设计技术规范			制定	国家能源局	水电总院、成都院等	国能科技〔2015〕12号，计划编号：能源20140845
A06.5 公用辅助系统及设备									
211	239	A06.5-1	水力发电厂水力机械辅助设备系统设计技术规定		NB/T 35035—2014	有效	国家能源局	北京院、水电顾问集团等	

续表

序号	顺序号	标准体系表编号	标准名称		标准编号	编制状态	批准部门	主编单位	备注
			建议	已有					
212	240	A06.5-2	水力发电厂供暖通风与空气调节设计规范		NB/T 35040—2014	有效	国家能源局	西北院、水电总院	
213	241	A06.5-3	活塞组合式减压阀基本技术条件		NB/T 35078—2016	有效	国家能源局	中南院、湘潭中基电站辅机制造有限公司	
214	242	A06.5-4	水力发电厂水力机械辅助系统流量监视测量技术规程			制定	国家能源局	北京院、北京万瑞达监控技术有限公司等	国能科技〔2015〕12号，计划编号：能源20140841
215	243	A06.5-5	水电站油系统技术规范	水电站油系统设备选用、试验及验收规范		制定	国家能源局	贵阳院	国能科技〔2015〕12号，计划编号：能源20140844。制定时已更名
216	244	A06.5-6	水电站桥式起重机选型设计规范			制定	国家能源局	华东院、水电总院	国能综通科技〔2017〕52号，计划编号：能源20170889
217	245	A06.5-7	水电站气系统设备选用技术规范			制定	国家能源局	北京院、华东院等	国能综通科技〔2017〕52号，计划编号：能源20170890
218	246	A06.5-8	水电站技术供水系统设备选用技术规范			制定	国家能源局	昆明院	国能综通科技〔2017〕52号，计划编号：能源20170908
219	247	A06.5-9	水电站排水系统设备选用、试验及验收规范			制定	国家能源局	贵阳院、水电总院	国能综通科技〔2017〕52号，计划编号：能源20170861
220	248	A06.5-10	水力发电厂含油污水处理系统设计导则			制定	国家能源局	中南院、华东院	国能综通科技〔2017〕52号，计划编号：能源20170891
221	249	A06.5-11	水力发电厂照明设计规范		NB/T 35008—2013	有效	国家能源局	西北院	
222	250	A06.5-12	水力发电厂火灾自动报警系统设计规范		DL/T 5412—2009	修订	国家能源局	西北院、水电总院	国能科技〔2016〕238号，计划编号：能源20160558

续表

序号	顺序号	标准体系表编号	标准名称		标准编号	编制状态	批准部门	主编单位	备注
			建议	已有					
A07 金属结构									
223	251	A07-1	水电工程钢闸门设计规范		NB 35055—2015	有效	国家能源局	能源行业水电金属结构及启闭机标准化技术委员会	
224	252	A07-2.1	水电工程启闭机设计规范	水电水利工程启闭机设计规范	DL/T 5167—2002	修订	国家经贸委	西北院、成都院等	其中液压启闭机部分已被《水电水利工程液压启闭机设计规范》NB/T 35020—2013代替。发改办工业〔2006〕1093号，计划编号：电力行业17、18，国能科技〔2015〕283号，计划编号：能源20150576；标准族
	253	A07-2.2		水电水利工程固定式启闭机设计规范		修订	国家能源局	中南院、中国水利水电建设集团公司等	发改办工业〔2006〕1093号，计划编号：电力行业17
	254	A07-2.3		水电水利工程移动式启闭机设计规范		修订	国家能源局	西北院、成都院	发改办工业〔2006〕1093号，计划编号：电力行业18
	255	A07-2.4		水电工程螺杆式启闭机设计规范		修订	国家能源局	水电总院、广东省水利电力勘测设计研究院	国能科技〔2015〕283号，计划编号：能源20150576
	256	A07-2.5		水电水利工程液压启闭机设计规范	NB/T 35020—2013	有效	国家能源局	华东院	
225	257	A07-3	水电工程升船机设计规范	水电水利工程垂直升船机设计导则	DL/T 5399—2007	修订	国家发改委	华东院	国能科技〔2016〕238号，计划编号：能源20160562
226	258	A07-4	水电工程拦漂排设计规范			制定	国家能源局	成都院	国能科技〔2016〕238号，计划编号：能源20160553
227	259	A07-5	水电工程清污机设计规范			拟编	国家能源局		

续表

<table>
<tr><th rowspan="2">序号</th><th rowspan="2">顺序号</th><th rowspan="2">标准体系表编号</th><th colspan="2">标准名称</th><th rowspan="2">标准编号</th><th rowspan="2">编制状态</th><th rowspan="2">批准部门</th><th rowspan="2">主编单位</th><th rowspan="2" colspan="2">备注</th></tr>
<tr><th>建议</th><th>已有</th></tr>
<tr><td>228</td><td>260</td><td>A07-6</td><td>水电工程金属结构设备防腐蚀技术规程</td><td>水电水利工程金属结构设备防腐蚀技术规程</td><td>DL/T 5358—2006</td><td>有效</td><td>国家发改委</td><td>南科院</td><td colspan="2">拟修订</td></tr>
<tr><td rowspan="7">229</td><td>261</td><td>A07-7.1</td><td rowspan="7">启闭机基本技术参数</td><td>QPG型卷扬式高扬程启闭机系列参数</td><td>NB/T 35018—2013</td><td>有效</td><td>国家能源局</td><td>华东院、浙江华东机电工程有限公司</td><td></td><td rowspan="7">标准族</td></tr>
<tr><td>262</td><td>A07-7.2</td><td>QP型卷扬式启闭机系列参数</td><td>DL/T 898—2004</td><td>修订</td><td>国家发改委</td><td>中南院</td><td>国能科技〔2015〕12号，计划编号：能源20140847</td></tr>
<tr><td>263</td><td>A07-7.3</td><td>卧式液压启闭机（液压缸）系列参数</td><td>NB/T 35019—2013</td><td>有效</td><td>国家能源局</td><td>华东院、浙江华东机电工程有限公司</td><td></td></tr>
<tr><td>264</td><td>A07-7.4</td><td>QPKY型水工平面快速闸门液压启闭机基本参数</td><td>DL/T 896—2004</td><td>修订</td><td>国家发改委</td><td>中南院、武进液压启闭机厂</td><td>国能科技〔2015〕283号，计划编号：能源20150573</td></tr>
<tr><td>265</td><td>A07-7.5</td><td>QPPYⅠ、Ⅱ型水工平面闸门液压启闭机基本参数</td><td>DL/T 897—2004</td><td>修订</td><td>国家发改委</td><td>中南院、武进液压启闭机厂</td><td>国能科技〔2015〕83号，计划编号：能源20150577</td></tr>
<tr><td>266</td><td>A07-7.6</td><td>双吊点弧形闸门后拉式液压启闭机（液压缸）系列参数</td><td>DL/T 990—2005</td><td>修订</td><td>国家发改委</td><td>华东院</td><td>国能科技〔2015〕283号，计划编号：能源20150575</td></tr>
<tr><td>267</td><td>A07-7.7</td><td>QL型螺杆式启闭机系列参数</td><td>SD 297—88</td><td>修订</td><td>能源部、水利部</td><td>中南院</td><td>国能科技〔2015〕283号，计划编号：能源20150576</td></tr>
<tr><td>230</td><td>268</td><td>A07-8</td><td>水电工程闸门止水装置设计规范</td><td></td><td>NB/T 35086—2016</td><td>有效</td><td>国家能源局</td><td>华东院</td><td colspan="2"></td></tr>
<tr><td>231</td><td>269</td><td>A07-9</td><td>水电工程钢闸门液压自动挂脱梁系列参数</td><td></td><td>NB/T 35087—2016</td><td>有效</td><td>国家发改委</td><td>水电总院、中南院</td><td colspan="2"></td></tr>
<tr><td>232</td><td>270</td><td>A07-10</td><td>水电工程泄水阀技术条件</td><td>锥形阀参数型式及技术条件</td><td>SD 316—89</td><td>有效</td><td>能源部、水利部</td><td>广东省水利水电机械厂</td><td colspan="2">电力有效，拟修订时并入《水电工程泄水阀技术条件》</td></tr>
</table>

续表

<table>
<tr><th rowspan="2">序号</th><th rowspan="2">顺序号</th><th rowspan="2">标准体系表编号</th><th colspan="2">标准名称</th><th rowspan="2">标准编号</th><th rowspan="2">编制状态</th><th rowspan="2">批准部门</th><th rowspan="2">主编单位</th><th rowspan="2" colspan="2">备注</th></tr>
<tr><th>建议</th><th>已有</th></tr>
<tr><td>232</td><td>271</td><td>A07-10</td><td>水电工程泄水阀技术条件</td><td>水电工程泄水阀技术条件</td><td></td><td>制定</td><td>国家能源局</td><td>贵阳院、华东院等</td><td colspan="2">国能科技〔2016〕238号，计划编号：能源20160563</td></tr>
<tr><td>233</td><td>272</td><td>A07-11</td><td>水电工程钢闸门及辅助装置系列标准</td><td></td><td></td><td>拟编</td><td>国家能源局</td><td></td><td colspan="2">包括钢闸门、滑道支承装置、定轮支承装置、支铰装置、充水阀标准</td></tr>
<tr><td colspan="11">A08 施工组织设计</td></tr>
<tr><td colspan="11">A08.1 施工综合</td></tr>
<tr><td rowspan="4">234</td><td>273</td><td rowspan="4">A08.1-1</td><td rowspan="4">水电工程施工组织设计规范</td><td>水电工程施工组织设计规范</td><td>DL/T 5397—2007</td><td>修订</td><td>国家发改委</td><td>水电顾问集团、西北院等</td><td>国能科技〔2015〕283号，计划编号:能源20150544</td><td rowspan="4">拟修订时合并为《水电工程施工组织设计规范》</td></tr>
<tr><td>274</td><td>碾压式土石坝施工组织设计规范</td><td>NB/T 35062—2015</td><td>有效</td><td>国家能源局</td><td>昆明院</td><td></td></tr>
<tr><td>275</td><td>水电水利工程地下工程施工组织设计导则</td><td>DL/T 5201—2004</td><td>修订</td><td>国家发改委</td><td>昆明院</td><td>国能科技〔2015〕283号，计划编号:能源20150548</td></tr>
<tr><td>276</td><td>水电工程料源选择与料场开采设计导则</td><td></td><td>制定</td><td>国家能源局</td><td>昆明院、华东院</td><td>国能科技〔2011〕252号，计划编号:能源20110155</td></tr>
<tr><td rowspan="2">235</td><td>277</td><td rowspan="2">A08.1-2</td><td rowspan="2">水电水利工程全断面隧道掘进机施工组织设计规范</td><td>水电水利工程敞开式全断面隧道掘进机施工组织设计规范</td><td></td><td>制定</td><td>国家能源局</td><td>水电三局</td><td>国能综通科技〔2017〕52号，计划编号：能源20170419</td><td rowspan="2">制定时拟合并为《水电水利工程全断面隧道掘进机施工组织设计规范》</td></tr>
<tr><td>278</td><td>水电水利工程双护盾全断面隧道掘进机施工组织设计规范</td><td></td><td>制定</td><td>国家能源局</td><td>水电三局</td><td>国能综通科技〔2017〕52号，计划编号：能源20170420</td></tr>
<tr><td>236</td><td>279</td><td>A08.1-3</td><td>水电工程施工机械选择设计规范</td><td>水电水利工程施工机械选择设计导则</td><td>DL/T 5133—2001</td><td>修订</td><td>国家经贸委</td><td>武汉大学动力与机械学院</td><td colspan="2">国能科技〔2014〕298号，计划编号：能源20140436。
修订时拟更名</td></tr>
<tr><td>237</td><td>280</td><td>A08.1-4</td><td>水电工程施工总布置设计规范</td><td>水电水利工程施工总布置设计导则</td><td>DL/T 5192—2004</td><td>修订</td><td>国家发改委</td><td>西北院</td><td colspan="2">国能科技〔2013〕235号，计划编号：能源20130104。
修订时拟更名</td></tr>
</table>

续表

序号	顺序号	标准体系表编号	标准名称		标准编号	编制状态	批准部门	主编单位	备注
			建议	已有					
238	281	A08.1-5	水电工程施工规划报告编制规程		NB/T 35084—2016	有效	国家能源局	华东院	
239	282	A08.1-6	混凝土坝温度控制设计规范		NB/T 35092—2017	有效	国家能源局	昆明院	
240	283	A08.1-7	水电工程渣场设计规范	水电工程弃渣场设计规范		制定	国家能源局	华东院	国能科技〔2014〕298号，计划编号：能源20140434。 制定时已更名
241	284	A08.1-8	水电工程施工期防洪度汛报告编制规程			制定	国家能源局	水电总院、贵阳院等	国能科技〔2016〕238号，计划编号：能源20160549
A08.2 施工导流									
242	285	A08.2-1	水电工程施工导截流设计规范	水电工程施工导流设计规范	NB/T 35041—2014	有效	国家能源局	北京院	拟修订时合并为《水电工程施工导截流设计规范》
	286			水电工程围堰设计导则	NB/T 35006—2013	有效	国家能源局	北京院	
	287			水电水利工程施工导截流模型试验规程	DL/T 5361—2006	有效	国家能源局	武汉大学实验室、长科院	
A08.3 施工工厂设施									
243	288	A08.3-1	水电工程混凝土生产系统设计规范		NB/T 35005—2013	修订	国家能源局	中南院	国能综通科技〔2017〕52号，计划编号：能源20170888
244	289	A08.3-2	水电工程砂石加工系统设计规范		DL/T 5098—2010	修订	国家能源局	中南院	国能综通科技〔2017〕52号，计划编号：能源20170883
	290			水电水利工程施工压缩空气、供水、供电系统设计导则	DL/T 5124—2001	有效	国家经贸委	武汉大学	拟废止
245	291	A08.3-3	水电工程混凝土预冷和预热系统设计规范	水电水利工程混凝土预热系统设计导则	DL/T 5179—2003	修订	国家经贸委	东北院	国能科技〔2015〕283号，计划编号：能源20150546 国能综通科技〔2017〕52号，计划编号：

续表

<table>
<tr><th rowspan="2">序号</th><th rowspan="2">顺序号</th><th rowspan="2">标准体系表编号</th><th colspan="2">标准名称</th><th rowspan="2">标准编号</th><th rowspan="2">编制状态</th><th rowspan="2">批准部门</th><th rowspan="2">主编单位</th><th rowspan="2" colspan="2">备注</th></tr>
<tr><th>建议</th><th>已有</th></tr>
<tr><td>245</td><td>292</td><td>A08.3-3</td><td>水电工程混凝土预冷和预热系统设计规范</td><td>水电水利工程混凝土预冷系统设计导则</td><td>DL/T 5386—2007</td><td>修订</td><td>国家经贸委</td><td>中南院</td><td></td><td>能源20170884。修订时拟合并</td></tr>
<tr><td colspan="11">A08.4 施工交通运输</td></tr>
<tr><td>246</td><td>293</td><td>A08.4-1</td><td>水电工程对外交通专用公路设计规范</td><td></td><td>NB/T 35012—2013</td><td>有效</td><td>国家能源局</td><td>成都院</td><td colspan="2"></td></tr>
<tr><td rowspan="2">247</td><td>294</td><td rowspan="2">A08.4-2</td><td rowspan="2">水电工程施工交通设计规范</td><td>水电工程场内交通施工道路设计规范</td><td></td><td>制定</td><td>国家能源局</td><td>成都院</td><td>国能科技〔2012〕326号，计划编号：能源20120413</td><td rowspan="2">拟修订时合并为《水电工程施工交通设计规范》</td></tr>
<tr><td>295</td><td>水电水利工程施工交通设计导则</td><td>DL/T 5134—2001</td><td>修订</td><td>国家经贸委</td><td>中南院</td><td>国能科技〔2009〕163号，计划编号：能源20090166</td></tr>
<tr><td colspan="11">A09 征地移民</td></tr>
<tr><td>248</td><td>296</td><td>A09-1</td><td>水电工程建设征地移民安置规划设计规范</td><td></td><td>DL/T 5064—2007</td><td>修订</td><td>国家发改委</td><td>水电总院</td><td colspan="2">国能科技〔2016〕238号，计划编号：能源20160570</td></tr>
<tr><td>249</td><td>297</td><td>A09-2</td><td>少数民族地区水电工程建设征地移民安置规划设计规定</td><td></td><td></td><td>制定</td><td>国家能源局</td><td>水电总院、北京院等</td><td colspan="2">国能科技〔2016〕238号，计划编号：能源20160571</td></tr>
<tr><td>250</td><td>298</td><td>A09-3</td><td>水电工程建设征地处理范围界定规范</td><td></td><td>DL/T 5376—2007</td><td>修订</td><td>国家发改委</td><td>水电总院、成都院</td><td colspan="2">国能科技〔2015〕283号，计划编号：能源20150594</td></tr>
<tr><td>251</td><td>299</td><td>A09-4</td><td>水电工程建设征地实物指标调查规范</td><td></td><td>DL/T 5377—2007</td><td>修订</td><td>国家发改委</td><td>水电总院、昆明院</td><td colspan="2">国能科技〔2015〕283号，计划编号：能源20150585</td></tr>
<tr><td>252</td><td>300</td><td>A09-5</td><td>水电工程农村移民安置规划设计规范</td><td></td><td>DL/T 5378—2007</td><td>修订</td><td>国家发改委</td><td>水电总院、成都院</td><td colspan="2">国能科技〔2015〕283号，计划编号：能源20150593</td></tr>
<tr><td>253</td><td>301</td><td>A09-6</td><td>水电工程移民专业项目规划设计规范</td><td></td><td>DL/T 5379—2007</td><td>修订</td><td>国家发改委</td><td>水电总院、中南院</td><td colspan="2">国能科技〔2015〕283号，计划编号：能源20150581</td></tr>
</table>

续表

序号	顺序号	标准体系表编号	标准名称		标准编号	编制状态	批准部门	主编单位	备注
			建议	已有					
254	302	A09-7	水电工程建设征地企业处理规划设计规范	水电工程建设征地企业补偿评估规范		制定	国家能源局	中南院	国能科技〔2011〕252号，计划编号：能源20110159。制定时拟更名
255	303	A09-8	水电工程移民安置城镇迁建规划设计规范		DL/T 5380—2007	修订	国家发改委	水电总院、中南院	国能科技〔2015〕283号，计划编号：能源20150582
256	304	A09-9	水电工程水库库底清理设计规范		DL/T 5381—2007	修订	国家发改委	水电总院、西北院	国能科技〔2015〕283号，计划编号：能源20150584
257	305	A09-10	水电工程建设征地移民安置规划大纲编制规程		NB/T 35069—2015	有效	国家能源局	水电总院、西北院	
258	306	A09-11	水电工程建设征地移民安置总体规划编制导则			拟编	国家能源局		
259	307	A09-12	水电工程建设征地移民安置规划报告编制规程		NB/T 35070—2015	有效	国家能源局	水电总院、西北院	
260	308	A09-13	国有资产投资境外水电工程建设用地移民安置设计技术导则			制定	国家能源局	水电总院、昆明院	国能综通科技〔2017〕52号，计划编号：能源20170906
A10 环保水保									
A10.1 环保水保综合									
261	309	A10.1-1	水电工程陆生生态调查与评价技术规范	水电工程陆生生态调查与影响评价技术规范		制定	国家能源局	水电总院、昆明院等	国能科技〔2015〕12号，计划编号：能源20140851。制定时拟更名
262	310	A10.1-2	水电工程水生生态调查与评价技术规范	水电工程水生生态调查与影响评价技术规范		制定	国家能源局	水电总院、北京院等	国能科技〔2015〕12号，计划编号：能源20140848。制定时拟更名
263	311	A10.1-3	水电工程库区水温结构及下游水温变化原型观测技术规范	大中型水库工程库区水温结构及下游水温变化原型观测技术规范		制定	国家能源局	贵阳院、西北院	国能科技〔2015〕283号，计划编号：能源20150589。制定时拟更名

续表

序号	顺序号	标准体系表编号	标准名称		标准编号	编制状态	批准部门	主编单位	备注
			建议	已有					
264	312	A10.1-4	水电工程生态流量计算规范		NB/T 35091—2016	有效	国家能源局	成都院、水电总院	
265	313	A10.1-5	水电工程水温计算规范		NB/T 35094—2017	有效	国家能源局	水电总院、中南院	
266	314	A10.1-6	河流水电梯级开发流域环境监测实施方案编制规程			制定	国家能源局	水电总院、昆明院等	国能科技〔2015〕12号，计划编号：能源20140849
267	315	A10.1-7	水电工程水土保持监测实施方案编制规程			拟编	国家能源局		
A10.2 环境影响评价									
268	316	A10.2-1	河流水电规划环境影响评价规范		NB/T 35068—2015	有效	国家能源局	水电总院、成都院	
269	317	A10.2-2.1	水电工程环境影响评价规范	水利水电工程环境影响评价规范（试行）	SDJ 302—88	修订	水利部、能源部	成都院	国能科技〔2012〕326号，计划编号：能源20120416。修订时拟更名
	318	A10.2-2.2	水电工程景观影响评价技术规范			制定	国家能源局	中南院	国能综通科技〔2017〕52号，计划编号：能源20170885
	319	A10.2-2.3	水电工程环境影响经济损益分析技术规范			制定	国家能源局	水电总院、北京院	国能科技〔2015〕283号，计划编号：能源20150596
	320	A10.2-2.4	水电工程人群健康影响评价技术规范			拟编	国家能源局		
A10.3 环境保护设计									
270	321	A10.3-1	水电工程环境保护设计规范	水电水利工程环境保护设计规范	DL/T 5402—2007	修订	国家发改委	成都院	国能科技〔2014〕298号，计划编号：能源20140448。修订时拟更名
271	322	A10.3-2	水电工程环境保护总体设计报告编制规程	水电工程环境保护总体设计规范		制定	国家能源局	水电总院、昆明院等	国能科技〔2015〕12号，计划编号：能源20140850。制定时拟更名

续表

序号	顺序号	标准体系表编号	标准名称		标准编号	编制状态	批准部门	主编单位	备注	
			建议	已有						
272	323	A10.3-3	水电工程移民安置环境保护设计规范	水电工程移民安置环境保护设计规范	NB/T 35060—2015	有效	国家能源局	水电总院、贵阳院		拟修订时合并为《水电工程移民安置环境保护设计规范》
	324			水电工程移民安置区生活污水处理工程设计规范		制定	国家能源局	水电总院、北京院	国能科技〔2015〕283号，计划编号：能源20150597	
	325			水电工程迁建城集镇生活污水处理设计规范		制定	国家能源局	中南院、北京院	国能科技〔2016〕238号，计划编号：能源20160564	
273	326	A10.3-4	水电工程分层取水设计要求	水电站分层取水进水口设计规范	NB/T 35053—2015	有效	国家能源局	水电总院、华东院	拟修订时并更名	
274	327	A10.3-5	水电工程鱼类增殖放流站设计规范		NB/T 35037—2014	有效	国家能源局	成都院		
275	328	A10.3-6	水电工程过鱼设施设计规范	水电工程过鱼设施设计规范	NB/T 35054—2015	有效	国家能源局	水电总院、华东院		拟修订时合并为《水电工程过鱼设施设计规范》
	329			水电工程升鱼机设计规范		制定	国家能源局	水电总院、昆明院等	国能科技〔2015〕12号，计划编号：能源20140852	
	330			水电工程集运鱼系统过鱼技术规范		制定	国家能源局	水电总院、昆明院等	国能科技〔2015〕12号，计划编号：能源20140853	
276	331	A10.3-7	水电工程过鱼对象游泳能力试验规范			制定	国家能源局	成都院	国能综通科技〔2017〕52号，计划编号：能源20170904	
277	332	A10.3-8	水电工程过鱼建筑物水力学模型试验技术规程			制定	国家能源局	成都院	国能综通科技〔2017〕52号，计划编号：能源20170428	
278	333	A10.3-9.1	水电工程生态流量与水温实时监测系统设计规范	水电水利工程生态流量实时监测系统设计规范		制定	国家能源局	贵阳院	国能科技〔2015〕283号，计划编号：能源20150591	

续表

序号	顺序号	标准体系表编号	标准名称		标准编号	编制状态	批准部门	主编单位	备注	
			建议	已有						
279	334	A10.3-9.2	水电工程生态流量与水温实时监测系统设计规范	水电工程水温实时监测系统设计规范		制定	国家能源局	水电总院、中南院等	国能科技〔2016〕238号，计划编号：能源20160565	
280	335	A10.3-10	水生生物栖息地保护设计规范			制定	国家能源局	水电总院、贵阳院等	国能科技〔2014〕298号，计划编号：能源20140454	
281	336	A10.3-11	水电工程陆生动物生境保护设计规范			拟编	国家能源局			
282	337	A10.3-12	水电工程珍稀植物及古大树保护设计规范	大中型水电工程水库淹没区珍稀濒危植物保护设计规范		制定	国家能源局	贵阳院	国能科技〔2015〕283号，计划编号：能源20150590。制定时拟更名	
283	338	A10.3-13.1	水电工程生态修复技术规范	大中型水电工程生态修复技术规范		制定	国家能源局	贵阳院、北京院等	国能科技〔2015〕283号，计划编号：能源20150588。制定时拟更名	标准族
284	339	A10.3-13.2	水电工程陡边坡植被混凝土生态修复技术规范		NB/T 35082—2016	有效	国家能源局	三峡大学、水电总院		标准族
285	340	A10.3-14	水电工程景观规划规范	水电工程景观规划设计规范		制定	国家能源局	水电总院、北京院	国能科技〔2015〕283号，计划编号：能源20150595。制定时拟更名	
A10.4 水土保持方案										
286	341	A10.4-1	水电建设项目水土保持方案技术规范		DL/T 5419—2009	修订	国家能源局	水电总院、华东院	国能科技〔2015〕283号，计划编号：能源20150586	
A10.5 水土保持设计										
287	342	A10.5-1	水电工程水土保持设计规范			制定	国家能源局	水电总院、西北院	国能科技〔2014〕298号，计划编号：能源20140451	
288	343	A10.5-2	水电工程水土保持试验规范			拟编	国家能源局			

续表

序号	顺序号	标准体系表编号	标准名称		标准编号	编制状态	批准部门	主编单位	备注
			建议	已有					
A11 安全与职业健康									
289	344	A11-1	水电工程安全预评价报告编制规程		NB/T 35015—2013	有效	国家能源局	西北院	
290	345	A11-2	水电工程劳动安全与工业卫生设计规范		NB 35074—2015	有效	国家能源局	水电总院	
291	346	A11-3	水电站大坝运行安全在线监控系统技术规范			制定	国家能源局	国家能源局大坝安全监察中心、雅砻江流域水电开发有限公司等	国能综通科技〔2017〕52号，计划编号：能源20170389
292	347	A11-4	水电工程防恐防暴设计规范			制定	国家能源局	水电总院、北京院	国能综通科技〔2017〕52号，计划编号：能源20170878
293	348	A11-5	水电工程应急设施设计规范			制定	国家能源局	水电总院、成都院	国能综通科技〔2017〕52号，计划编号：能源20170886
294	349	A11-6	流域水电工程安全评价规程			拟编	国家能源局		
A12 工程造价									
A12.1 编制规定									
295	350	A12.1-1	水电工程投资匡算编制规定		NB/T 35030—2014	有效	国家能源局	水电总院（可再生能源定额站）	
296	351	A12.1-2	水电工程投资估算编制规定		NB/T 35034—2014	有效	国家能源局	水电总院（可再生能源定额站）	
297	352	A12.1-3	水电工程设计概算编制规定（2013年版）		国能新能〔2014〕359号	有效	国家能源局	水电总院（可再生能源定额站）	
298	353	A12.1-4	水电工程安全监测系统专项投资编制细则		NB/T 35031—2014	有效	国家能源局	水电总院（可再生能源定额站）	

续表

序号	顺序号	标准体系表编号	标准名称		标准编号	编制状态	批准部门	主编单位	备注
			建议	已有					
299	354	A12.1-5	水电工程环境保护专项投资编制细则		NB/T 35033—2014	有效	国家能源局	水电总院（可再生能源定额站）	
300	355	A12.1-6	水电工程水文测报和泥沙监测专项投资编制细则		NB/T 35073—2015	有效	国家能源局	水电总院（可再生能源定额站）	
301	356	A12.1-7	水电工程水土保持专项投资编制细则		NB/T 35072—2015	有效	国家能源局	水电总院（可再生能源定额站）	
302	357	A12.1-8.1	水电工程建设征地移民安置补偿费用概（估）算编制规范	水电工程建设征地移民安置补偿费用概（估）算编制规范	DL/T 5382—2007	修订	国家发改委	水电总院、华东院	国能科技〔2016〕238号，计划编号：能源20160572。修订时拟合并《水电工程建设征地房屋补偿标准》的内容
303	358	A12.1-8.2		水电工程建设征地房屋补偿标准		制定	国家能源局	中国水利水电建设工程咨询公司、中南院等	国能科技〔2012〕83号，计划编号：能源20120116。拟修订时并入《水电工程建设征地移民安置补偿费用概（估）算编制规范》
304	359	A12.1-9	水电工程勘察设计费计算标准			制定	国家能源局	水电总院、西北院等	国能综通科技〔2017〕52号，计划编号：能源20170907
305	360	A12.1-10	水电工程劳动安全与工业卫生专项投资编制细则			拟编	国家能源局		
306	361	A12.1-11	水电工程消防专项投资编制细则			拟编	国家能源局		
307	362	A12.1-12	水电工程地震监测专项投资编制细则			拟编	国家能源局		
308	363	A12.1-13	水电工程对外投资项目造价编制导则			拟编	国家能源局		

续表

序号	顺序号	标准体系表编号	标准名称		标准编号	编制状态	批准部门	主编单位	备注
			建议	已有					
A12.2 定额标准									
309	364	A12.2-1	水电建筑工程概算定额（2007年版）		发改办能源〔2008〕1250号	有效	国家发改委	水电总院（可再生能源定额站）	
310	365	A12.2-2	水电设备安装工程概算定额（2003年版）		国家经贸委公告2003年第38号	有效	国家经贸委	水电顾问集团、中电联水电建设定额站	
311	366	A12.2-3	水电工程施工机械台时费定额（2004年版）		水电规造价〔2004〕0028号	有效		水电总院、中电联水电建设定额站	
312	367	A12.2-4	水电工程费用构成及概（估）算费用标准		国能新能〔2014〕359号	有效	国家能源局	水电总院（可再生能源定额站）	

体系分类号　B

专业序列　设备

序号	顺序号	标准体系表编号	标准名称		标准编号	编制状态	批准部门	主编单位	备注
			建议	已有					
B01 机电设备									
B01.1 机电综合									
313	368	B01.1-1	大中型水电机组包装、运输和保管规范		GB/T 28546—2012	有效	国家质检总局、国标委	东电公司、葛洲坝集团等	
B01.2 机组及附属设备									
314	369	B01.2-1	水轮机基本技术条件		GB/T 15468—2006	有效	国家质检总局、国标委	哈电公司、昆明院等	拟修订
315	370	B01.2-2	混流式水泵水轮机基本技术条件		GB/T 22581—2008	有效	国家质检总局、国标委	哈电公司、华东院等	拟修订
316	371	B01.2-3	水斗式水轮机空蚀评定		GB/T 19184—2003	有效	国家质检总局、国标委	哈尔滨大电机研究所、中国水利水电科学院水力机电所	

续表

<table>
<tr><th rowspan="2">序号</th><th rowspan="2">顺序号</th><th rowspan="2">标准体系表编号</th><th colspan="2">标准名称</th><th rowspan="2">标准编号</th><th rowspan="2">编制状态</th><th rowspan="2">批准部门</th><th rowspan="2">主编单位</th><th rowspan="2">备注</th></tr>
<tr><th>建议</th><th>已有</th></tr>
<tr><td>317</td><td>372</td><td>B01.2-4.1</td><td>水轮机、蓄能泵和水泵水轮机空蚀评定　第1部分：反击式水轮机的空蚀评定</td><td></td><td>GB/T 15469.1—2008</td><td>有效</td><td>国家质检总局、国标委</td><td>东电公司、水科院等</td><td rowspan="2">标准族</td></tr>
<tr><td>318</td><td>373</td><td>B01.2-4.2</td><td>水轮机、蓄能泵和水泵水轮机空蚀评定　第2部分：蓄能泵和水泵水轮机的空蚀评定</td><td></td><td>GB/T 15469.2—2007</td><td>有效</td><td>国家质检总局、国标委</td><td>东电公司、水科院等</td></tr>
<tr><td>319</td><td>374</td><td>B01.2-5.1</td><td>水轮机、蓄能泵和水泵水轮机模型验收试验　第一部分：通用规定</td><td></td><td>GB/T 15613.1—2008</td><td>有效</td><td>国家质检总局、国标委</td><td>哈尔滨大电机研究所、水科院等</td><td rowspan="3">标准族</td></tr>
<tr><td>320</td><td>375</td><td>B01.2-5.2</td><td>水轮机、蓄能泵和水泵水轮机模型验收试验　第二部分：常规水力性能试验</td><td></td><td>GB/T 15613.2—2008</td><td>有效</td><td>国家质检总局、国标委</td><td>东电公司、哈尔滨大电机研究所等</td></tr>
<tr><td>321</td><td>376</td><td>B01.2-5.3</td><td>水轮机、蓄能泵和水泵水轮机模型验收试验　第三部分：辅助性能试验</td><td></td><td>GB/T 15613.3—2008</td><td>有效</td><td>国家质检总局、国标委</td><td>水科院、东电公司等</td></tr>
<tr><td>322</td><td>377</td><td>B01.2-6</td><td>水轮机模型验收试验规程</td><td></td><td>DL/T 446—1991</td><td>有效</td><td>能源部</td><td>水利水电科学研究院水力机电所</td><td>拟修订</td></tr>
<tr><td>323</td><td>378</td><td>B01.2-7</td><td>水轮机、蓄能泵和水泵水轮机通流部件技术条件</td><td></td><td>GB/T 10969—2008</td><td>有效</td><td>国家质检总局、国标委</td><td>哈电公司、水科院等</td><td></td></tr>
</table>

续表

序号	顺序号	标准体系表编号	标准名称		标准编号	编制状态	批准部门	主编单位	备注
			建议	已有					
324	379	B01.2-8	混流式水轮机焊接转轮上冠、下环铸件		JB/T 10264—2014	有效	工业和信息化部	二重集团（德阳）重型装备股份有限公司	
325	380	B01.2-9	电渣熔铸大型水轮机铸件技术条件		JB/T 11027—2010	有效	工业和信息化部	沈阳铸造研究所、哈电公司等	
326	381	B01.2-10	大型水轮机主轴技术规范		JB/T 10484—2004	有效	国家发改委	哈电公司、东电公司等	
327	382	B01.2-11	水轮机、水轮发电机大轴锻件技术条件		JB/T 1270—2014	有效	工业和信息化部	中国第一重型机械股份公司	
328	383	B01.2-12	水轮机不锈钢叶片铸件		JB/T 7349—2014	有效	工业和信息化部	二重集团（德阳）重型装备股份有限公司	
329	384	B01.2-13	大中型水轮机进水阀门基本技术条件		GB/T 14478—2012	有效	国家质检总局、国标委	东电公司、成都院等	
330	385	B01.2-14	水轮机筒形阀基本技术条件		GB/T 30141—2013	有效	国家质检总局、国标委	哈电公司、昆明院等	
331	386	B01.2-15	水轮机电液调节系统及装置技术规程		DL/T 563—2016	有效	国家能源局	水科院	
332	387	B01.2-16	水轮发电机组推力轴承润滑参数测量方法		DL/T 1003—2006	有效	国家发改委	中国水利水电建设集团公司、北京万瑞达监控技术有限公司	拟修订
333	388	B01.2-17	水轮机调节系统自动测试及实时仿真装置技术条件		DL/T 1120—2009	有效	国家能源局	水科院、武汉长江控制设备研究所等	拟修订

续表

序号	顺序号	标准体系表编号	标准名称		标准编号	编制状态	批准部门	主编单位	备注
			建议	已有					
334	389	B01.2-18	水轮机控制系统技术条件		GB/T 9652.1—2007	有效	国家质检总局、国标委	天津电气传动设计研究所、水科院自动化研究所等	
335	390	B01.2-19	水轮机控制系统试验		GB/T 9652.2—2007	有效	国家质检总局、国标委	天津电气传动设计研究所、哈尔滨大电机研究所等	
336	391	B01.2-20	水轮机调压阀及其控制系统基本技术条件		NB/T 42035—2014	有效	国家能源局	天津电气传动设计研究所有限公司、重庆精业水电设备有限公司等	
337	392	B01.2-21	可逆式水泵水轮机调节系统技术条件		DL/T 1549—2016	有效	国家能源局	新源公司、北京院等	
338	393	B01.2-22	水轮发电机基本技术条件		GB/T 7894—2009	有效	国家质检总局、国标委	哈电公司、中国水利水电建设集团公司等	拟修订
339	394	B01.2-23	发电电动机基本技术条件		GB/T 20834—2014	有效	国家质检总局、国标委	哈电公司、哈尔滨大电机研究所等	
340	395	B01.2-24	立式水轮发电机弹性金属塑料推力轴瓦技术条件		DL/T 622—2012	有效	国家能源局	东电公司、中国水利水电建设股份有限公司	
	396			进口水轮发电机（发电/电动机）设备技术规范	DL/T 730—2000	有效	国家经贸委	中国水利水电工程总公司	拟废止
341	397	B01.2-25	蒸发冷却水轮发电机（发电/电动机）基本技术条件		DL/T 1067—2007	修订	国家发改委	中国科学院电工研究所、东电公司等	国能科技〔2015〕283号，计划编号：能源20150302

续表

序号	顺序号	标准体系表编号	标准名称		标准编号	编制状态	批准部门	主编单位	备注
			建议	已有					
342	398	B01.2-26	水轮发电机组自动化元件（装置）及其系统基本技术条件		GB/T 11805—2008	有效	国家质检总局、国标委	哈尔滨大电机研究所、天津电气传动设计研究院等	
343	399	B01.2-27	水轮发电机励磁变压器技术条件		DL/T 1628—2016	有效	国家能源局	国电南瑞科技股份有限公司、顺特电气设备有限公司	
344	400	B01.2-28	水轮发电机励磁系统晶闸管整流桥技术条件		DL/T 1627—2016	有效	国家能源局	国电南瑞科技股份有限公司	
345	401	B01.2-29	大中型水轮发电机静止整流励磁系统及装置技术条件		DL/T 583—2006	修订	国家发改委	国家电网公司南京自动化研究院	国能科技〔2013〕235号，计划编号：能源20130343
346	402	B01.2-30	同步发电机自然冷却散热整流器励磁装置技术条件			制定	国家能源局	三峡集团、中国长江电力股份有限公司葛洲坝电厂	国能综通科技〔2017〕52号，计划编号：能源20170432
347	403	B01.2-31	水轮发电机励磁系统电气制动技术导则			制定	国家能源局	三峡集团、水科院（天津所）等	国能综通科技〔2017〕52号，计划编号：能源20170437
348	404	B01.2-32	发电机灭磁及转子过电压保护装置技术条件 第1部分：磁场断路器		DL/T 294.1—2011	有效	国家能源局	国网电力科学研究院、国电南瑞科技股份有限公司	
349	405	B01.2-33	发电机灭磁及转子过电压保护装置技术条件 第2部分：非线性电阻		DL/T 294.2—2011	有效	国家能源局	国网电力科学研究院、国电南瑞科技股份有限公司	

续表

序号	顺序号	标准体系表编号	标准名称		标准编号	编制状态	批准部门	主编单位	备注
			建议	已有					
350	406	B01.2-34	抽水蓄能电站机组设备监造技术规范			制定	国家能源局	新源公司、南网公司等	国能综通科技〔2017〕52号，计划编号：能源20170454
351	407	B01.2-35	水轮发电机组及其附属设备出厂检验导则		DL/T 443—2016	有效	国家能源局	三峡集团、溪洛渡水力发电厂	
B01.3 电气系统及设备									
352	408	B01.3-1	抽水蓄能电站静止变频启动装置使用技术条件			制定	国家能源局	新源公司	国能科技〔2015〕283号，计划编号：能源20150291
B01.4 控制保护和通信设备									
353	409	B01.4-1	水电厂计算机监控系统基本技术条件		DL/T 578—2008	修订	国家发改委	长委设计院、水科院等	国能科技〔2016〕238号，计划编号：能源20160368
354	410	B01.4-2	水力发电厂计算机监控系统与厂内设备及系统通信技术规定		DL/T 321—2012	有效	国家能源局	国网电力科学研究院、水科院等	
355	411	B01.4-3	700MW及以上机组水电厂计算机监控系统基本技术条件		DL/T 1626—2016	有效	国家能源局	水科院、长委设计院等	
356	412	B01.4-4	梯级水电厂集中监控系统基本技术条件		DL/T 1625—2016	有效	国家能源局	水科院、长委设计院等	
357	413	B01.4-5	水电站水调自动化系统技术条件		DL/T 1666—2016	有效	国家能源局	国网电力科学研究院	
358	414	B01.4-6.1	水电厂自动发电控制/自动电压控制系统技术规范			制定	国家能源局	水科院、新源公司等	国能科技〔2013〕235号，计划编号：能源20130348 标准族

续表

序号	顺序号	标准体系表编号	标准名称		标准编号	编制状态	批准部门	主编单位	备注
			建议	已有					
359	415	B01.4-6.2	抽水蓄能电站自动发电控制/自动电压控制技术规范			制定	国家能源局	南网公司、新源公司	国能综通科技〔2017〕52号，计划编号：能源20170441 标准族
360	416	B01.4-7	水电厂辅助设备控制系统技术条件			制定	国家能源局	国网电力科学研究院	国能科技〔2013〕235号，计划编号：能源20130350
361	417	B01.4-8	水电厂培训仿真系统基本技术条件			制定	国家能源局	水科院、三峡集团等	国能科技〔2015〕283号，计划编号：能源20150285
362	418	B01.4-9	水电厂直流系统基本技术条件	水力发电厂直流系统设计规范		制定	国家能源局	中南院	国能科技〔2013〕526号，计划编号：能源20130849。制定时拟更名
363	419	B01.4-10	抽水蓄能机组自动控制系统技术条件		DL/T 295—2011	有效	国家能源局	国网电力科学研究院、水科院等	
364	420	B01.4-11	继电保护和安全自动装置通用技术条件		DL/T 478—2013	有效	国家能源局	南京南瑞继保电气有限公司、国电南京自动化股份有限公司等	
365	421	B01.4-12	抽水蓄能发电电动机变压器组继电保护装置技术条件			制定	国家能源局	新源公司、南京南瑞继保电气有限公司	国能综通科技〔2017〕52号，计划编号：能源20170442
366	422	B01.4-13	电力系统动态记录装置通用技术条件		DL/T 553—2013	有效	国家能源局	中国电力科学研究院、国网浙江省电力公司等	
367	423	B01.4-14	电力系统继电保护及安全自动装置柜（屏）通用技术条件		DL/T 720—2013	有效	国家能源局	国电南京自动化股份有限公司、南京南瑞继保电气有限公司等	

续表

序号	顺序号	标准体系表编号	标准名称		标准编号	编制状态	批准部门	主编单位	备注
			建议	已有					
368	424	B01.4-15	微机型防止电气误操作系统通用技术条件		DL/T 687—2010	有效	国家能源局	中国电力科学研究院	
369	425	B01.4-16	水轮发电机组振动摆度测量装置技术条件	水轮发电机组振动摆度装置技术条件		制定	国家能源局	国网电力科学研究院	国能科技〔2013〕235号，计划编号：能源20130352。制定时拟更名
370	426	B01.4-17	水电厂工业电视基本技术要求			制定	国家能源局	三峡集团、水科院(天津所)等	国能综通科技〔2017〕52号，计划编号：能源20170436
B01.5 公用辅助设备									
371	427	B01.5-1	水电站桥式起重机基本技术条件			拟编	国家能源局		
372	428	B01.5-2	多声路超声波流量计基本技术条件			制定	国家能源局	西北院、南京南瑞集团公司	国能科技〔2015〕12号，计划编号：能源20140842
373	429	B01.5-3	水电工程给水和污水处理设备技术条件			拟编	国家能源局		
374	430	B01.5-4	水电厂火灾自动报警系统技术条件			制定	国家能源局	三峡集团、水科院(天津所)等	国能综通科技〔2017〕52号，计划编号：能源20170435
B02 金属结构设备									
375	431	B02-1	QL型螺杆式启闭机技术条件		SD 298—88	修订	能源部、水利部	中南院	国能科技〔2015〕283号，计划编号：能源20150576
376	432	B02-2	水电工程清污机技术条件			拟编	国家能源局		
377	433	B02-3	水电工程钢闸门技术条件			制定	国家能源局	中南院、昆明院	国能综通科技〔2017〕52号，计划编号：能源20170887
378	434	B02-4	陶瓷涂层活塞杆技术条件		NB/T 35017—2013	有效	国家能源局	江苏武进液压启闭机有限公司、河海大学	

续表

序号	顺序号	标准体系表编号	标准名称		标准编号	编制状态	批准部门	主编单位	备注
			建议	已有					
379	435	B02-5	水电工程固定卷扬式启闭机通用技术条件		NB/T 35036—2014	有效	国家能源局	中国水电建设集团夹江水工机械有限公司	
B03 安全监测仪器									
B03.1 监测仪器综合									
380	436	B03.1-1	混凝土坝监测仪器系列型谱		DL/T 948—2005	修订	国家发改委	国电自动化研究院	国能综通科技〔2017〕52号，计划编号：能源20170395
381	437	B03.1-2	土石坝监测仪器系列型谱		DL/T 947—2005	有效	国家发改委	南科院	拟修订
382	438	B03.1-3	垂线装置		DL/T 1564—2016	有效	国家能源局	国家电力监管委员会大坝安全监察中心、北京木联能工程科技有限公司等	
383	439	B03.1-4	引张线装置		DL/T 1565—2016	有效	国家能源局	北京木联能工程科技有限公司、国家电力监管委员会大坝安全监察中心等	
384	440	B03.1-5	光纤光栅仪器基本技术条件			制定	国家能源局	北京基康科技有限公司	国能科技〔2012〕326号，计划编号：能源20120593
385	441	B03.1-6	大坝安全监测仪器电缆基本技术条件			制定	国家能源局	北京木联能工程科技有限公司	国能科技〔2010〕14号，计划编号：能源20090756
B03.2 监测仪器及设备									
386	442	B03.2-1	真空激光准直位移测量装置		DL/T 328—2010	有效	国家能源局	北京木联能工程科技有限公司	

续表

序号	顺序号	标准体系表编号	标准名称		标准编号	编制状态	批准部门	主编单位	备注	
			建议	已有						
387	443	B03.2-2.1	光电式(CCD)引张线仪		DL/T 1062—2007	修订	国家发改委	南京电力自动化设备总厂、北京木联能工程科技有限公司	国能综通科技〔2017〕52号，计划编号：能源20170388	“引张线”标准族
388	444	B03.2-2.2	电容式引张线仪		DL/T 1016—2006	修订	国家发改委	国网南京自动化研究院	国能综通科技〔2017〕52号，计划编号：能源20170396	
389	445	B03.2-2.3	步进式引张线仪		DL/T 326—2010	有效	国家能源局	国电南京自动化股份有限公司		
390	446	B03.2-3.1	光电式(CCD)垂线坐标仪		DL/T 1061—2007	修订	国家发改委	南京电力自动化设备总厂、北京木联能工程科技有限公司	国能综通科技〔2017〕52号，计划编号：能源20170387	“垂线”标准族
391	447	B03.2-3.2	电容式垂线坐标仪		DL/T 1019—2006	修订	国家发改委	国网南京自动化研究院	国能综通科技〔2017〕52号，计划编号：能源20170399	
392	448	B03.2-3.3	步进式垂线坐标仪		DL/T 327—2010	有效	国家能源局	国电南京自动化股份有限公司		
393	449	B03.2-4	引张线式水平位移计		DL/T 1046—2007	有效	国家发改委	南科院		
394	450	B03.2-5	水管式沉降仪		DL/T 1047—2007	有效	国家发改委	南科院		
395	451	B03.2-6.1	静力水准装置			制定	国家能源局	国网电力科学研究院、国家电力监管委员会大坝安全监察中心	国能科技〔2013〕235号，计划编号：能源20130341	标准族

续表

序号	顺序号	标准体系表编号	标准名称		标准编号	编制状态	批准部门	主编单位	备注	
			建议	已有						
396	452	B03.2-6.2	光电式(CCD)静力水准仪		DL/T 1086—2008	有效	国家发改委	北京木联能工程科技有限公司		标准族
397	453	B03.2-6.3	电容式静力水准仪		DL/T 1020—2006	修订	国家发改委	国电自动化研究院	国能综通科技〔2017〕52号，计划编号：能源20170400	
398	454	B03.2-7.1	双金属管标装置			制定	国家能源局	国家电力监管委员会大坝安全监察中心、国网电力科学研究院	国能科技〔2013〕235号，计划编号：能源20130340	标准族
399	455	B03.2-7.2	光电式(CCD)双金属管标仪		DL/T 1273—2013	有效	国家能源局	北京木联能工程科技有限公司、西安联能自动化工程有限责任公司		
400	456	B03.2-8.1	多点变位计装置		DL/T 1272—2013	有效	国家能源局	国网电力科学研究院		“位移计”标准族
401	457	B03.2-8.2	钢弦式位移计		DL/T 270—2012	有效	国家能源局	基康仪器(北京)有限公司、国网电力科学研究院		
402	458	B03.2-8.3	差阻式位移计		DL/T 1063—2007	有效	国家发改委	南京电力自动化设备总厂		
403	459	B03.2-8.4	电位器式位移计		DL/T 1135—2009	有效	国家能源局	南科院、国网南京自动化研究院		
404	460	B03.2-8.5	电容式位移计		DL/T 1017—2006	修订	国家发改委	国网南京自动化研究院	国能综通科技〔2017〕52号，计划编号：能源20170397	

续表

<table>
<tr><th rowspan="2">序号</th><th rowspan="2">顺序号</th><th rowspan="2">标准体系表编号</th><th colspan="2">标准名称</th><th rowspan="2">标准编号</th><th rowspan="2">编制状态</th><th rowspan="2">批准部门</th><th rowspan="2">主编单位</th><th rowspan="2" colspan="2">备注</th></tr>
<tr><th>建议</th><th>已有</th></tr>
<tr><td>405</td><td>461</td><td>B03.2-9.1</td><td>钢弦式测缝计</td><td></td><td>DL/T 1043—2007</td><td>有效</td><td>国家发改委</td><td>基康仪器（北京）有限公司、国电自动化研究院</td><td></td><td rowspan="2">“测缝计”标准族</td></tr>
<tr><td>406</td><td>462</td><td>B03.2-9.2</td><td>电容式测缝计</td><td></td><td>DL/T 1018—2006</td><td>修订</td><td>国家发改委</td><td>国网南京自动化研究院</td><td>国能综通科技〔2017〕52号，计划编号：能源20170398</td></tr>
<tr><td>407</td><td>463</td><td>B03.2-10.1</td><td>钢弦式孔隙水压力计</td><td></td><td>DL/T 1045—2007</td><td>有效</td><td>国家发改委</td><td>南科院</td><td></td><td rowspan="3">“渗压计、水位计和流量计”标准族</td></tr>
<tr><td>408</td><td>464</td><td>B03.2-10.2</td><td>压阻式渗压计</td><td></td><td>DL/T 1335—2014</td><td>有效</td><td>国家能源局</td><td>国网电力科学研究院</td><td></td></tr>
<tr><td>409</td><td>465</td><td>B03.2-10.3</td><td>电容式量水堰水位计</td><td></td><td>DL/T 1021—2006</td><td>修订</td><td>国家发改委</td><td>国网南京自动化研究院</td><td>国能综通科技〔2017〕52号，计划编号：能源20170401</td></tr>
<tr><td>410</td><td>466</td><td>B03.2-11.1</td><td>钢弦式钢筋应力计</td><td></td><td>DL/T 1136—2009</td><td>有效</td><td>国家能源局</td><td>国网电力科学研究院、基康仪器（北京）有限公司</td><td rowspan="2" colspan="2">“钢筋计/锚杆应力计”标准族</td></tr>
<tr><td>411</td><td>467</td><td>B03.2-11.2</td><td>差阻式锚杆应力计</td><td></td><td>DL/T 1065—2007</td><td>有效</td><td>国家发改委</td><td>南京电力自动化设备总厂</td></tr>
<tr><td>412</td><td>468</td><td>B03.2-12</td><td>钢弦式应变计</td><td></td><td>DL/T 1044—2007</td><td>有效</td><td>国家发改委</td><td>基康仪器（北京）有限公司、国电自动化研究院</td><td colspan="2"></td></tr>
<tr><td>413</td><td>469</td><td>B03.2-13.1</td><td>钢弦式土压力计</td><td></td><td>DL/T 1137—2009</td><td>有效</td><td>国家能源局</td><td>国网电力科学研究院、基康仪器（北京）有限公司</td><td></td><td rowspan="2">“土压力计”标准族</td></tr>
<tr><td>414</td><td>470</td><td>B03.2-13.2</td><td>差动电阻式土压力计</td><td></td><td></td><td>制定</td><td>国家能源局</td><td>国电南京自动化股份有限公司</td><td>国能综通科技〔2017〕52号，计划编号：能源20170393</td></tr>
</table>

续表

序号	顺序号	标准体系表编号	标准名称		标准编号	编制状态	批准部门	主编单位	备注	
			建议	已有						
415	471	B03.2-14.1	钢弦式锚索测力计		DL/T 269—2012	有效	国家能源局	国网电力科学研究院、基康仪器（北京）有限公司	“锚索测力计”标准族	
416	472	B03.2-14.2	差动电阻式锚索测力计		DL/T 1064—2007	有效	国家发改委	南京电力自动化设备总厂		
417	473	B03.2-15	钢弦式温度计			制定	国家能源局	基康仪器（北京）有限公司	国能科技〔2013〕235号，计划编号：能源20130339	
418	474	B03.2-16	倾角计			制定	国家发改委	南科院	发改办工业〔2008〕1242号，计划编号：电力行业59	
419	475	B03.2-17.1	测斜仪			制定	国家发改委	南科院	发改办工业〔2008〕1242号，计划编号：电力行业60	标准族
420	476	B03.2-17.2	微机械电子式测斜仪			制定	国家能源局	基康仪器股份有限公司	国能综通科技〔2017〕52号，计划编号：能源20170392	
421	477	B03.2-18.1	大坝安全监测数据自动采集装置		DL/T 1134—2009	有效	国家能源局	国网电力科学研究院、南科院		标准族
422	478	B03.2-18.2	差动电阻式仪器测量仪表			制定	国家能源局	国电南京自动化股份有限公司、葛洲坝集团试验检测有限公司	国能科技〔2014〕298号，计划编号：能源20140183	
423	479	B03.2-18.3	钢弦式仪器测量仪表		DL/T 1133—2009	有效	国家能源局	国网电力科学研究院		
424	480	B03.2-18.4	电位器式仪器测量仪		DL/T 1104—2009	有效	国家能源局	南科院		
425	481	B03.2-18.5	压阻式仪器测量仪表		DL/T 1334—2014	有效	国家能源局	国网电力科学研究院		

续表

序号	顺序号	标准体系表编号	标准名称		标准编号	编制状态	批准部门	主编单位	备注
			建议	已有					
B03.3 监测仪器设备鉴定									
426	482	B03.3-1.1	钢弦式监测仪器鉴定技术规程		DL/T 1271—2013	有效	国家能源局	国网电力科学研究院、北京基康科技有限公司	“水电工程监测仪器鉴定技术规范”标准族
427	483	B03.3-1.2	差动电阻式监测仪器鉴定技术规程		DL/T 1254—2013	有效	国家能源局	国电南京自动化股份有限公司	
B04 环保设备									
428	484	B04-1	水电工程鱼类保护设备基本技术条件			拟编	国家能源局		包括鱼类增殖站养殖孵化、鱼类放流、集诱鱼、鱼类转运、鱼类游泳能力测试设备的基本技术条件
429	485	B04-2	水电工程砂石系统废水处理设备基本技术条件			拟编	国家能源局		
430	486	B04-3	水库清漂船技术要求			制定	国家能源局	三峡集团、中国船舶重工集团公司第701研究所等	国能科技〔2015〕283号，计划编号：能源20150579
431	487	B04-4	水电工程生态流量实时监测设备基本技术条件			拟编	国家能源局		
432	488	B04-5	水电工程水温实时监测设备基本技术条件			拟编	国家能源局		
433	489	B04-6	水电工程过鱼监测设备基本技术条件			拟编	国家能源局		
434	490	B04-7	水电工程水土保持监测设备基本技术条件			拟编	国家能源局		

续表

序号	顺序号	标准体系表编号	标准名称		标准编号	编制状态	批准部门	主编单位	备注
			建议	已有					
B05 水文监测设备									
435	491	B05-1	水电工程水情自动测报系统技术条件	水情自动测报系统技术条件	DL/T 1085—2008	修订	国家发改委	国网电力科学研究院、水科院	国能科技〔2016〕238号，计划编号：能源20160369。 修订时拟更名
436	492	B05-2	水电工程泥沙监测设备基本参数及通用技术条件			拟编	国家能源局		

体系分类号　C

专业序列　建造与验收

序号	顺序号	标准体系表编号	标准名称		标准编号	编制状态	批准部门	主编单位	备注
			建议	已有					
C01 通用									
437	493	C01-1	水电工程施工地质规程		NB/T 35007—2013	有效	国家能源局	中南院	
438	494	C01-2	水电水利工程施工测量规范	水电水利工程施工测量规范	DL/T 5173—2012	有效	国家能源局	葛洲坝集团、水电四局	拟修订时合并《水电水利地下工程施工测量规范》的内容
	495			水电水利地下工程施工测量规范	DL/T 5742—2016	有效	国家能源局	葛洲坝集团、三峡集团	拟修订时并入《水电水利工程施工测量规范》
439	496	C01-3	水电水利工程道路抢修混凝土快速施工技术规程			制定	国家能源局	葛洲坝集团、葛洲坝集团第三工程有限公司	国能科技〔2015〕283号，计划编号：能源20150256
440	497	C01-4	水电水利工程场内施工道路技术规范		DL/T 5243—2010	有效	国家能源局	水电三局、中国水电建设集团路桥工程有限公司	
441	498	C01-5	水电水利工程施工基坑排水技术规范		DL/T 5719—2015	有效	国家能源局	葛洲坝集团	
442	499	C01-6	水电水利工程截流施工技术规范		DL/T 5741—2016	有效	国家能源局	国电大渡河公司、葛洲坝集团第一工程有限公司等	

续表

序号	顺序号	标准体系表编号	标准名称		标准编号	编制状态	批准部门	主编单位	备注
			建议	已有					
443	500	C01-7	水电水利工程过水围堰施工技术规范			制定	国家能源局	水电五局	国能科技〔2015〕283号，计划编号：能源20150255
444	501	C01-8	地下洞室绿色施工技术规范			制定	国家能源局	中国水利水电建设股份有限公司、水电十四局等	国能科技〔2013〕235号，计划编号：能源20130338
445	502	C01-9	水电水利工程现场文明施工规范			制定	国家能源局	水电二局、三峡集团等	国能科技〔2015〕283号，计划编号：能源20150251
446	503	C01-10	水电水利工程地下洞室地质超前预报技术规程			制定	国家能源局	长科院	国能科技〔2010〕320号，计划编号：能源20100303
C02 材料与试验									
C02.1 材料技术规程									
447	504	C02.1-1	水工混凝土掺合料技术规范	水工混凝土掺用粉煤灰技术规范	DL/T 5055—2007	修订	国家发改委	长科院	国能综通科技〔2017〕52号，计划编号：能源20170408；拟修订时合并为《水工混凝土掺合料技术规范》
	505			水工混凝土掺用天然火山灰质材料技术规范	DL/T 5273—2012	有效	国家能源局	长科院	
	506			水工混凝土掺用磷渣粉技术规范	DL/T 5387—2007	有效	国家发改委	长科院	
	507			水工混凝土掺用氧化镁技术规范	DL/T 5296—2013	有效	国家能源局	三峡集团、长科院	
	508			水工混凝土掺用石灰石粉技术规范	DL/T 5304—2013	有效	国家能源局	长科院	
	509			水工混凝土掺用硅粉技术规范		制定	国家能源局	长科院	国能科技〔2014〕298号，计划编号：能源20140213
448	510	C02.1-2.1	水工混凝土外加剂技术规程	水工混凝土外加剂技术规程	DL/T 5100—2014	有效	国家能源局	南科院	拟修订时合并《水工混凝土用速凝剂技术规范》的内容

续表

序号	顺序号	标准体系表编号	标准名称		标准编号	编制状态	批准部门	主编单位	备注
			建议	已有					
448	511	C02.1-2.2	水工混凝土外加剂技术规程	水工混凝土用速凝剂技术规范		制定	国家能源局	长科院	国能科技〔2014〕298号，计划编号：能源20140216。拟修订时并入《水工混凝土外加剂技术规程》
449	512	C02.1-3	水工建筑物塑性嵌缝密封材料技术标准		DL/T 949—2005	有效	国家发改委	水科院	拟修订
450	513	C02.1-4	环氧树脂砂浆技术规程		DL/T 5193—2004	修订	国家发改委	水科院	国能科技〔2012〕83号，计划编号：能源20120348
451	514	C02.1-5	水工混凝土配合比设计规程		DL/T 5330—2015	有效	国家能源局	长科院	
452	515	C02.1-6	水工塑性混凝土配合比设计规程			制定	国家能源局	葛洲坝集团、葛洲坝集团试验检测有限公司	国能科技〔2013〕235号，计划编号：能源20130330
453	516	C02.1-7	水电水利工程预应力锚杆用水泥锚固剂技术规程		DL/T 5703—2014	有效	国家能源局	水电七局	
454	517	C02.1-8	水工自密实混凝土技术规程		DL/T 5720—2015	有效	国家能源局	长科院	
455	518	C02.1-9	水工混凝土耐久性技术规范		DL/T 5241—2010	有效	国家能源局	南科院、水科院	
456	519	C02.1-10	水工建筑物抗冲磨防空蚀混凝土技术规范		DL/T 5207—2005	修订	国家发改委	南科院	国能科技〔2012〕83号，计划编号：能源20120352
457	520	C02.1-11	水工混凝土抑制碱-骨料反应技术规范		DL/T 5298—2013	有效	国家能源局	长科院	
458	521	C02.1-12	抗硫酸盐侵蚀混凝土应用技术规程			制定	国家能源局	葛洲坝集团、葛洲坝集团第三工程有限公司	国能科技〔2015〕283号，计划编号：能源20150259

续表

序号	顺序号	标准体系表编号	标准名称		标准编号	编制状态	批准部门	主编单位	备注	
			建议	已有						
459	522	C02.1-13	水电工程低热硅酸盐水泥混凝土技术规范			制定	国家能源局	三峡集团、长江三峡技术经济发展有限公司	国能综通科技〔2017〕52号，计划编号：能源20170411	
C02.2 试验规程										
460	523	C02.2-1	土石筑坝材料碾压试验规程		NB/T 35016—2013	有效	国家能源局	中南院		
461	524	C02.2-2.1	水工混凝土试验规程		DL/T 5150—2001	修订	国家经贸委	南科院、水科院	国能科技〔2010〕320号，计划编号：能源20100296	标准族
462	525	C02.2-2.2	水下不分散混凝土试验规程		DL/T 5117—2000	修订	国家经贸委	水科院	国能科技〔2016〕238号，计划编号：能源20160350	
463	526	C02.2-2.3	水工塑性混凝土试验规程		DL/T 5303—2013	有效	国家能源局	葛洲坝集团、葛洲坝集团第二工程有限公司等		
464	527	C02.2-2.4	混凝土面板堆石坝挤压边墙混凝土试验规程		DL/T 5422—2009	有效	国家能源局	葛洲坝集团	拟修订	
465	528	C02.2-2.5	水工混凝土断裂试验规程		DL/T 5332—2005	有效	国家发改委	河海大学	拟修订	
466	529	C02.2-2.6	水工碾压混凝土试验规程		DL/T 5433—2009	修订	国家能源局	长科院	国能综通科技〔2017〕52号，计划编号：能源20170407	
467	530	C02.2-2.7	水工喷射混凝土试验规程		DL/T 5721—2015	有效	国家能源局	长科院		
468	531	C02.2-3	聚合物改性水泥砂浆试验规程		DL/T 5126—2001	修订	国家经贸委	水科院	国能科技〔2012〕83号，计划编号：能源20120347	
469	532	C02.2-4	水工混凝土砂石骨料试验规程		DL/T 5151—2014	有效	国家能源局	南科院、水科院		
470	533	C02.2-5	水工混凝土水质分析试验规程		DL/T 5152—2001	修订	国家经贸委	南科院、水科院	国能科技〔2010〕320号，计划编号：能源20100297	

续表

序号	顺序号	标准体系表编号	标准名称		标准编号	编制状态	批准部门	主编单位	备注
			建议	已有					
471	534	C02.2-6	水工建筑物化学灌浆材料试验规程			制定	国家能源局	葛洲坝集团	国能科技〔2013〕235号，计划编号：能源20130329
472	535	C02.2-7	水工建筑物水泥基灌浆材料试验规范			制定	国家能源局	水科院、中国水电基础局有限公司	国能科技〔2012〕326号，计划编号：能源20120612
473	536	C02.2-8	水电水利工程爆破试验规程			制定	国家发改委	长科院	发改办工业计划〔2008〕1242号，计划编号：电力行业24
474	537	C02.2-9	水工沥青混凝土试验规程		DL/T 5362—2006	修订	国家发改委	三峡集团	国能科技〔2015〕283号，计划编号：能源20150253
475	538	C02.2-10	水电水利工程土工合成材料试验规程			制定	国家能源局	贵阳院	国能综通科技〔2017〕52号，计划编号：能源20170694
476	539	C02.2-11	水电水利工程膨润土泥浆试验规程			制定	国家能源局	葛洲坝集团、葛洲坝集团试验检测有限公司	国能综通科技〔2017〕52号，计划编号：能源20170426
C02.3 仪器设备校验									
477	540	C02.3-1	水电工程混凝土试验仪器校验方法			拟编	国家能源局		包括混凝土绝热温升测点仪、测长仪、标准养护室、周期式混凝土搅拌楼（站）计量系统等校验方法
478	541	C02.3-2	水电工程沥青测试仪器校验方法			拟编	国家能源局		
C03 土建工程									
C03.1 土石方工程									
479	542	C03.1-1	水电水利工程预应力锚索施工规范		DL/T 5083—2010	修订	国家能源局	葛洲坝集团	国能科技〔2016〕238号，计划编号：能源20160351
480	543	C03.1-2	水电水利工程锚喷支护施工规范		DL/T 5181—2003	修订	国家经贸委	水电一局	国能科技〔2013〕235号，计划编号：能源20130336
481	544	C03.1-3	水电水利工程爆破施工技术规范		DL/T 5135—2013	有效	国家能源局	葛洲坝集团、葛洲坝集团第一工程有限公司	

续表

序号	顺序号	标准体系表编号	标准名称		标准编号	编制状态	批准部门	主编单位	备注
			建议	已有					
482	545	C03.1-4	水电水利工程边坡施工技术规范		DL/T 5255—2010	有效	国家能源局	水电四局、水电七局	
483	546	C03.1-5	水工建筑物岩石基础开挖工程施工技术规范		DL/T 5389—2007	有效	国家发改委	长科院	拟修订
484	547	C03.1-6	水工建筑物地下工程开挖施工技术规范		DL/T 5099—2011	有效	国家能源局	水电十四局	
485	548	C03.1-7	崩坡堆积体隧洞施工规范			制定	国家能源局	葛洲坝集团、葛洲坝集团第二工程有限公司	国能综通科技〔2017〕52号，计划编号：能源20170423
486	549	C03.1-8	水电水利工程岩壁梁施工规程		DL/T 5198—2013	有效	国家能源局	水电十四局、水电六局等	
487	550	C03.1-9	水电水利工程斜井竖井施工规范		DL/T 5407—2009	修订	国家能源局	水电一局	国能科技〔2015〕168号，计划编号：能源20150248
488	551	C03.1-10	全断面岩石掘进机施工技术导则			制定	国家能源局	水电十局	发改办工业〔2007〕1415号，计划编号：电力行业43
489	552	C03.1-11	水电水利工程土工合成材料施工规范		DL/T 5743—2016	有效	国家能源局	葛洲坝集团、葛洲坝集团第二工程有限公司	
490	553	C03.1-12	水电水利工程水泥改性土换填施工技术规范			制定	国家能源局	葛洲坝集团、葛洲坝集团基础工程有限公司	国能科技〔2013〕235号，计划编号：能源20130331
491	554	C03.1-13	碾压式土石坝施工规范		DL/T 5129—2013	有效	国家能源局	水电五局、水电十五局等	
492	555	C03.1-14	水电水利工程砾石土心墙堆石坝施工规范		DL/T 5269—2012	有效	国家能源局	水电七局	

续表

序号	顺序号	标准体系表编号	标准名称		标准编号	编制状态	批准部门	主编单位	备注
			建议	已有					
493	556	C03.1-15	混凝土面板堆石坝施工规范		DL/T 5128—2009	有效	国家能源局	中国人民武装警察部队水电指挥部	拟修订
494	557	C03.1-16	混凝土面板堆石坝接缝止水施工规范	混凝土面板堆石坝接缝止水技术规范	DL/T 5115—2016	有效	国家能源局	华东院、水电十二局等	拟修订时更名，并将设计内容并入《混凝土面板堆石坝设计规范》
495	558	C03.1-17	混凝土面板堆石坝挤压边墙技术规范		DL/T 5297—2013	有效	国家能源局	水电十五局、黄河上游水电开发有限责任公司	
496	559	C03.1-18	混凝土面板堆石坝翻模固坡施工技术规程		DL/T 5268—2012	有效	国家能源局	水电一局、水电十一局等	
497	560	C03.1-19	沥青混凝土面板堆石坝及库盆施工规范		DL/T 5310—2013	有效	国家能源局	水电五局、北京振冲公司	
498	561	C03.1-20	大坝填筑数字化控制施工规范			制定	国家能源局	中国人民武装警察部队水电第一总队	国能科技〔2011〕252号，计划编号：能源20110358
C03.2 基础处理与灌浆									
499	562	C03.2-1	水电水利工程沉井施工技术规程		DL/T 5702—2014	有效	国家能源局	水电七局	
500	563	C03.2-2	水工建筑物水泥灌浆施工技术规范		DL/T 5148—2012	有效	国家能源局	中国水电基础局有限公司	
501	564	C03.2-3	土坝灌浆技术规范		DL/T 5238—2010	有效	国家能源局	中国水电基础局有限公司、山东省水利科学研究院	拟修订
502	565	C03.2-4	水电水利工程覆盖层灌浆技术规范		DL/T 5267—2012	有效	国家能源局	中国水电基础局有限公司	
503	566	C03.2-5	水电水利工程控制性灌浆施工规范		DL/T 5728—2016	有效	国家能源局	水电三局、水电十三局	

续表

序号	顺序号	标准体系表编号	标准名称		标准编号	编制状态	批准部门	主编单位	备注
			建议	已有					
504	567	C03.2-6	水电水利工程混凝土防渗墙施工规范		DL/T 5199—2004	修订	国家发改委	中国水利水电基础工程局	国能科技〔2010〕320号，计划编号：能源20100287
505	568	C03.2-7	水电水利工程高压喷射灌浆技术规范		DL/T 5200—2004	修订	国家发改委	中国水利水电基础工程局	国能科技〔2011〕252号，计划编号：能源20110353
506	569	C03.2-8	水电水利工程振冲地基处理规范	水电水利工程振冲法地基处理技术规范	DL/T 5214—2016	有效	国家能源局	北京振冲公司	拟修订时更名
507	570	C03.2-9	水工建筑物化学灌浆施工技术规范	水工建筑物化学灌浆施工规范	DL/T 5406—2010	修订	国家能源局	葛洲坝集团、中国水电基础局有限公司等	国能综通科技〔2017〕52号，计划编号：能源20170406
508	571	C03.2-10	深层搅拌法技术规范		DL/T 5425—2009	修订	国家能源局	北京振冲公司	国能科技〔2014〕298号，计划编号：能源20140215
509	572	C03.2-11	水电水利工程抗滑桩施工技术规范			制定	国家能源局	中国水电基础局有限公司	国能科技〔2015〕283号，计划编号：能源20150252
C03.3 混凝土工程									
510	573	C03.3-1	水电水利工程接缝灌浆施工技术规范		DL/T 5712—2014	有效	国家能源局	水电四局	
511	574	C03.3-2	水电水利工程模板施工规范		DL/T 5110—2013	有效	国家能源局	水电一局、水电六局	
512	575	C03.3-3	水工建筑物滑动模板施工技术规范		DL/T 5400—2016	有效	国家能源局	水电三局	
513	576	C03.3-4	大体积混凝土温度控制施工技术规程			制定	国家能源局	水科院	国能科技〔2011〕252号，计划编号：能源20110369
514	577	C03.3-5	水工混凝土表面保温施工技术规范			制定	国家能源局	葛洲坝集团	国能科技〔2012〕326号，计划编号：能源20120603

续表

序号	顺序号	标准体系表编号	标准名称		标准编号	编制状态	批准部门	主编单位	备注
			建议	已有					
515	578	C03.3-6	水工碾压混凝土施工规范		DL/T 5112—2009	有效	国家能源局	中国人民武装警察部队水电指挥部	拟修订
516	579	C03.3-7	水工混凝土施工规范		DL/T 5144—2015	有效	国家能源局	三峡集团、葛洲坝集团等	
517	580	C03.3-8	水工混凝土钢筋施工规范		DL/T 5169—2013	有效	国家能源局	水电四局、中国人民武装警察部队水电指挥部	
518	581	C03.3-9	贫胶渣砾料碾压混凝土施工导则		DL/T 5264—2011	有效	国家能源局	水电十六局、水电十一局	
519	582	C03.3-10	水电水利工程清水混凝土施工规范		DL/T 5306—2013	有效	国家能源局	中国水利水电建设股份公司、水电五局	
520	583	C03.3-11	水电水利工程水下混凝土施工规范		DL/T 5309—2013	有效	国家能源局	中国水利水电建设股份公司、水电五局	
521	584	C03.3-12	变态混凝土施工规范			制定	国家能源局	水电七局、大唐云南分公司	国能科技〔2014〕298号，计划编号：能源20140214
522	585	C03.3-13	水电水利工程导流建筑物封堵施工规范			制定	国家能源局	水电八局、桂冠电力股份有限公司	国能科技〔2014〕298号，计划编号：能源20140212
523	586	C03.3-14	水工新老混凝土结合面密合剂施工技术规程			制定	国家能源局	葛洲坝集团	国能科技〔2012〕326号，计划编号：能源20120605
524	587	C03.3-15	水电水利工程泵送混凝土施工技术规范			制定	国家能源局	水电六局	国能科技〔2013〕235号，计划编号：能源20130326
525	588	C03.3-16	水电水利工程钢纤维混凝土施工规范			制定	国家能源局	水电五局	国能科技〔2015〕283号，计划编号：能源20150249

续表

序号	顺序号	标准体系表编号	标准名称		标准编号	编制状态	批准部门	主编单位	备注
			建议	已有					
526	589	C03.3-17	水电水利工程堆石混凝土施工规范			制定	国家能源局	水电八局、浙江省围海建设集团股份有限公司等	国能科技〔2015〕283号，计划编号：能源20150250
527	590	C03.3-18	地下工程钢模台车混凝土衬砌施工规范			制定	国家能源局	葛洲坝集团、葛洲坝集团三峡建设工程有限公司	国能综通科技〔2017〕52号，计划编号：能源20170422
C03.4 水工建筑物防渗									
528	591	C03.4-1	水工建筑物止水带技术规范		DL/T 5215—2005	有效	国家发改委	水科院	拟修订，并增加水电行业设计、施工单位为修订单位
529	592	C03.4-2	水工碾压式沥青混凝土施工规范		DL/T 5363—2016	有效	国家能源局	葛洲坝集团第六工程有限公司、葛洲坝集团三峡建设工程有限公司等	
530	593	C03.4-3	土石坝浇筑式沥青混凝土防渗墙施工技术规范		DL/T 5258—2010	有效	国家能源局	水电一局	拟修订
531	594	C03.4-4	水电水利工程聚脲涂层施工技术规程		DL/T 5317—2014	有效	国家能源局	水科院	
532	595	C03.4-5	水工喷涂速凝橡胶沥青防水涂料施工技术规程			制定	国家能源局	水科院、北京中水科海利工程技术有限公司等	国能综通科技〔2017〕52号，计划编号：能源20170421
C04 机电设备安装调试									
C04.1 机电综合									
533	596	C04.1-1	水电水利工程金属结构及设备焊接接头衍射时差法超声检测		DL/T 330—2010	有效	国家能源局	国电大渡河公司、华电郑州机械设计研究院有限公司	拟修订

续表

序号	顺序号	标准体系表编号	标准名称		标准编号	编制状态	批准部门	主编单位	备注
			建议	已有					
534	597	C04.1-2	抽水蓄能电站水道充排水技术规程			制定	国家能源局	南网公司、新源公司	国能科技〔2015〕283号，计划编号：能源20150442
535	598	C04.1-3	可逆式抽水蓄能机组启动试运行规程		GB/T 18482—2010	有效	国家质检总局、国标委	新源公司、中国水利水电建设集团公司	
536	599	C04.1-4	水轮发电机组启动试验规程		DL/T 507—2014	有效	国家能源局	中国水利水电建设集团公司、水电八局	
537	600	C04.1-5	灯泡贯流式水轮发电机组启动试验规程		DL/T 827—2014	有效	国家能源局	中国水利水电建设集团公司、水电七局	
538	601	C04.1-6	冲击式水轮发电机组启动试验规程			制定	国家能源局	国网大渡河流域水电开发有限公司、成都院	国能科技〔2015〕283号，计划编号：能源20150301
C04.2 机组及附属设备									
539	602	C04.2-1	在非旋转部件上测量和评价机器的机械振动 第5部分：水力发电厂和泵站机组		GB/T 6075.5—2002	有效	国家质检总局、国标委	哈尔滨大电机研究所	
540	603	C04.2-2	水轮发电机组安装技术规范		GB/T 8564—2003	有效	国家质检总局	葛洲坝集团、中国水利水电建设集团公司等	拟修订
541	604	C04.2-3	旋转机械轴径向振动的测量和评定 第5部分：水力发电厂和泵站机组		GB/T 11348.5—2008	有效	国家质检总局、国标委	哈尔滨大电机研究所	

续表

序号	顺序号	标准体系表编号	标准名称		标准编号	编制状态	批准部门	主编单位	备注
			建议	已有					
542	605	C04.2-4	水力机械（水轮机、蓄能泵和水泵水轮机）振动和脉动现场测试规程		GB/T 17189—2007	有效	国家质检总局、国标委	水科院、哈尔滨大电机研究所等	
543	606	C04.2-5	水轮机、蓄能泵和水泵水轮机水力性能现场验收试验规程		GB/T 20043—2005	有效	国家质检总局、国标委	水科院、哈尔滨大电机研究所	
544	607	C04.2-6	大型混流式水轮发电机组型式试验规程			制定	国家能源局	中国长江电力股份有限公司三峡水力发电厂、大唐龙滩水力发电厂等	国能综通科技〔2017〕52号，计划编号：能源20170452
545	608	C04.2-7	水轮机调节系统及装置安装与验收规程			制定	国家能源局	三峡集团、水科院等	国能综通科技〔2017〕52号，计划编号：能源20170434
546	609	C04.2-8	大中型水轮发电机静止整流励磁系统及装置试验规程		DL/T 489—2006	修订	国家发改委	国家电网公司南京自动化研究院	国能科技〔2013〕235号，计划编号：能源20130342
547	610	C04.2-9	发电机励磁系统及装置安装、验收规程		DL/T 490—2011	修订	国家能源局	国网电力科学研究院、国电南瑞科技股份有限公司	国能综通科技〔2017〕52号，计划编号：能源20170429
548	611	C04.2-10	大中型水轮发电机微机励磁调节器试验与调整导则		DL/T 1013—2006	修订	国家发改委	国家电网公司南京自动化研究院	国能科技〔2013〕235号，计划编号：能源20130345
549	612	C04.2-11	大型水轮发电机组励磁控制系统性能测试与评价规程			制定	国家能源局	三峡集团、中国长江电力股份有限公司葛洲坝电厂	国能综通科技〔2017〕52号，计划编号：能源20170433

续表

序号	顺序号	标准体系表编号	标准名称		标准编号	编制状态	批准部门	主编单位	备注
			建议	已有					
550	613	C04.2-12	转桨式转轮组装与试验工艺导则		DL/T 5036—1994	修订	电力工业部	葛洲坝工程局机电建设公司	国能科技〔2013〕235号，计划编号：能源20130355
551	614	C04.2-13	轴流式水轮机埋件安装工艺导则		DL/T 5037—1994	修订	电力工业部	葛洲坝工程局机电建设公司	国能科技〔2013〕235号，计划编号：能源20130356
552	615	C04.2-14	灯泡贯流式水轮发电机组安装工艺规程		DL/T 5038—2012	有效	国家能源局	中国水利水电建设集团公司、水电十六局	
553	616	C04.2-15	水轮机金属蜗壳现场制造安装及焊接工艺导则		DL/T 5070—2012	有效	国家能源局	中国水利水电建设股份有限公司、水电七局	
554	617	C04.2-16	混流式水轮机转轮现场制造工艺导则		DL/T 5071—2012	有效	国家能源局	中国水利水电建设股份有限公司、水电十四局	
555	618	C04.2-17	水轮发电机转子现场装配工艺导则		DL/T 5230—2009	有效	国家能源局	中国水利水电建设集团公司、水电八局	拟修订
556	619	C04.2-18	水轮发电机定子现场装配工艺导则		DL/T 5420—2009	有效	国家能源局	中国水利水电建设集团公司、水电八局	拟修订
557	620	C04.2-19	水轮发电机组推力轴承、导轴承安装调整工艺导则		SD 288—88	有效	水利电力部	水利部、能源部机电研究所	电力有效，拟修订
558	621	C04.2-20	可逆式水泵水轮机调节系统试验规程			制定	国家能源局	新源公司	国能科技〔2015〕283号，计划编号：能源20150290
559	622	C04.2-21	水轮发电机组筒形阀安装、调试规程			拟编	国家能源局		

续表

序号	顺序号	标准体系表编号	标准名称		标准编号	编制状态	批准部门	主编单位	备注
			建议	已有					
560	623	C04.2-22	抽水蓄能机组安装、调试规程			拟编	国家能源局		
561	624	C04.2-23	冲击式水轮发电机组安装工艺导则			制定	国家能源局	水电七局	国能科技〔2013〕235号，计划编号：能源20130354
562	625	C04.2-24	水轮发电机内冷安装技术导则			制定	国家能源局	葛洲坝集团	国能科技〔2013〕235号，计划编号：能源20130357
563	626	C04.2-25	反击式水轮机气蚀损坏评定标准		DL/T 444—1991	修订	国家能源局	水利水电科学研究院水力机电所	国能科技〔2015〕283号，计划编号：能源20150303
C04.3 电气系统及设备									
564	627	C04.3-1	抽水蓄能电站静止变频启动设备安装调试规程			拟编	国家能源局		
C04.4 控制保护通信系统及设备									
565	628	C04.4-1.1	水电厂计算机监控系统试验验收规程		DL/T 822—2012	有效	国家能源局	国网电力科学研究院、水科院等	标准族
	629	C04.4-1.2	抽水蓄能电站计算机监控系统试验验收规程			制定	国家能源局	南网公司、新源公司	国能综通科技〔2017〕52号，计划编号：能源20170440
566	630	C04.4-2	梯级水电厂集中监控系统安装及验收技术规范			制定	国家能源局	国网电力科学研究院	国能科技〔2013〕235号，计划编号：能源20130351
567	631	C04.4-3	水电厂自动化元件（装置）安装和验收规程		DL/T 862—2016	有效	国家能源局	水科院天津水利电力机电研究所、小浪底水利水电工程有限公司等	
C04.5 公用辅助系统及设备									
568	632	C04.5-1	水电站辅助设备施工及验收规范			拟编	国家能源局		

续表

序号	顺序号	标准体系表编号	标准名称		标准编号	编制状态	批准部门	主编单位	备注
			建议	已有					
C05 金属结构									
569	633	C05-1	水电工程焊缝 TOFD 检验规程	金属结构及机电设备焊缝 TOFD 检验规程		制定	国家能源局	郑州机械研究所、国电大渡河公司	国能科技〔2010〕14号，计划编号：能源20090802
570	634	C05-2	水电工程金属结构涂层强度拉开法测试规程		NB/T 35081—2016	有效	国家能源局	南科院	
571	635	C05-3	水电工程金属结构焊接通用技术条件	水工金属结构焊接通用技术条件	SL 36—92	有效	水利部	能源部、水利部郑州机械设计研究所	拟修订并更名
572	636	C05-4	水电工程钢闸门制造安装及验收规范		NB/T 35045—2014	有效	国家能源局	葛洲坝集团、葛洲坝集团机械船舶有限公司	
573	637	C05-5	水电水利工程拦漂排制造安装及验收规范			拟编	国家能源局		
574	638	C05-6	水电工程启闭机制造安装及验收规范		NB/T 35051—2015	有效	国家能源局	葛洲坝集团机械船舶有限公司	
575	639	C05-7	水电工程清污机制造安装及验收规范			拟编	国家能源局		
576	640	C05-8	升船机制造安装及验收规程			制定	国家能源局	葛洲坝集团、水电总院等	国能科技〔2015〕283号，计划编号：能源20150572。主要包括：钢丝绳卷扬提升式垂直升船机、齿轮齿条爬升式垂直升船机、水力驱动式垂直升船机等安装及验收规定
577	641	C05-9	水电工程升船机调试试验规程			制定	国家能源局	三峡集团、水电总院等	国能综通科技〔2017〕52号，计划编号：能源20170897
578	642	C05-10	水电水利工程压力钢管制作安装及验收规范		GB 50766—2012	有效	住建部	水电七局、华电郑州机械设计研究院有限公司等	

续表

<table>
<tr><th rowspan="2">序号</th><th rowspan="2">顺序号</th><th rowspan="2">标准体系表编号</th><th colspan="2">标准名称</th><th rowspan="2">标准编号</th><th rowspan="2">编制状态</th><th rowspan="2">批准部门</th><th rowspan="2">主编单位</th><th rowspan="2" colspan="2">备注</th></tr>
<tr><th>建议</th><th>已有</th></tr>
<tr><td>579</td><td>643</td><td>C05-11</td><td>水电工程压力钢管制造安装及验收规范</td><td>水电水利工程压力钢管制造安装及验收规范</td><td>DL/T 5017—2007</td><td>有效</td><td>国家发改委</td><td>水电七局、国电郑州机械设计研究所</td><td colspan="2">拟修订时更名</td></tr>
<tr><td rowspan="2">580</td><td>644</td><td rowspan="2">C05-12</td><td rowspan="2">水电工程压力钢管安装工艺导则</td><td>水电水利工程斜井压力钢管溜放及定位工艺导则</td><td></td><td>制定</td><td>国家能源局</td><td>水电三局</td><td>国能综通科技〔2017〕52号，计划编号：能源20170413</td><td rowspan="2">制定时拟合并</td></tr>
<tr><td>645</td><td>水利水电工程竖井压力钢管吊装工艺导则</td><td></td><td>制定</td><td>国家能源局</td><td>水电三局</td><td>国能综通科技〔2017〕52号，计划编号：能源20170414</td></tr>
<tr><td>581</td><td>646</td><td>C05-13</td><td>水电水利工程压力钢管波纹管伸缩节制造安装及验收规范</td><td></td><td></td><td>拟编</td><td>国家能源局</td><td></td><td colspan="2"></td></tr>
<tr><td colspan="11">C06 施工设备设施</td></tr>
<tr><td colspan="11">C06.1 施工设备</td></tr>
<tr><td>582</td><td>647</td><td>C06.1-1</td><td>灌浆记录仪技术导则</td><td></td><td>DL/T 5237—2010</td><td>有效</td><td>国家能源局</td><td>中国水电基础局有限公司、长科院</td><td colspan="2"></td></tr>
<tr><td>583</td><td>648</td><td>C06.1-2</td><td>灌浆记录仪检定规程</td><td></td><td></td><td>制定</td><td>国家能源局</td><td>中国水电基础局有限公司、长科院</td><td colspan="2">国能科技〔2012〕326号，计划编号：能源20120613</td></tr>
<tr><td></td><td>649</td><td></td><td></td><td>灌浆记录仪校定规程</td><td></td><td>制定</td><td>国家能源局</td><td>中国水电基础局有限公司、长科院</td><td colspan="2">国能科技〔2009〕163号，计划编号：能源20090293号。拟取消制定计划</td></tr>
<tr><td>584</td><td>650</td><td>C06.1-3</td><td>核子密度仪</td><td></td><td></td><td>制定</td><td>国家能源局</td><td>葛洲坝集团</td><td colspan="2">国能科技〔2009〕163号，计划编号：能源20090294</td></tr>
<tr><td>585</td><td>651</td><td>C06.1-4</td><td>水电水利工程施工带式输送机技术规范</td><td></td><td></td><td>制定</td><td>国家能源局</td><td>水电十五局</td><td colspan="2">国能科技〔2013〕235号，计划编号：能源20130337</td></tr>
<tr><td>586</td><td>652</td><td>C06.1-5</td><td>履带式布料机</td><td></td><td>DL/T 1385—2014</td><td>有效</td><td>国家能源局</td><td>水电八局</td><td colspan="2"></td></tr>
</table>

续表

序号	顺序号	标准体系表编号	标准名称		标准编号	编制状态	批准部门	主编单位	备注
			建议	已有					
587	653	C06.1-6	水利电力建设用起重机		DL/T 946—2005	修订	国家发改委	国电机械设计研究所、国家电力公司水电施工设备质量检验测试中心	国能综通科技〔2017〕52号，计划编号：能源20170459
588	654	C06.1-7	水利电力建设用起重机检验规程		DL/T 454—2005	修订	国家发改委	国家电力公司水电施工设备质量检验测试中心、国电机械设计研究所	国能综通科技〔2017〕52号，计划编号：能源20170457
589	655	C06.1-8	水电工程缆索起重机安装及验收规范	缆索起重机安装及验收规范		制定	国家能源局	三峡集团	国能综通科技〔2017〕52号，计划编号：能源20170412。制定时拟更名
590	656	C06.1-9	电动振冲器		DL/T 1557—2016	有效	国家能源局	北京振冲公司	
C06.2 施工设施									
591	657	C06.2-1	水电水利工程砂石加工系统施工技术规程		DL/T 5271—2012	有效	国家能源局	水电八局	
592	658	C06.2-2	水电水利工程砂石料开采及加工系统运行规范		DL/T 5311—2013	有效	国家能源局	葛洲坝集团、葛洲坝集团第五工程有限公司	
593	659	C06.2-3	水电水利工程连续式搅拌站生产导则			制定	国家能源局	水电十六局	国能科技〔2011〕252号，计划编号：能源20110368
594	660	C06.2-4	水利水电工程仓储转运运行规程			制定	国家能源局	水电四局	国能科技〔2015〕283号，计划编号：能源20150258
C07 施工安全									
C07.1 施工安全综合									
595	661	C07.1-1	水电水利工程施工安全监测技术规范		DL/T 5308—2013	有效	国家能源局	水电三局	

续表

序号	顺序号	标准体系表编号	标准名称		标准编号	编制状态	批准部门	主编单位	备注
			建议	已有					
596	662	C07.1-2	水电水利工程软土地基施工监测技术规范		DL/T 5316—2014	有效	国家能源局	南科院	
597	663	C07.1-3	水电水利工程爆破安全监测规程		DL/T 5333—2005	修订	国家发改委	长科院、水利部岩土力学与工程重点实验室	国能科技〔2012〕83号，计划编号：能源20120351
598	664	C07.1-4	水电水利工程施工重大危险源辨识及评价导则		DL/T 5274—2012	有效	国家能源局	三峡集团	
599	665	C07.1-5	水电水利工程施工度汛风险评估规程		DL/T 5307—2013	有效	国家能源局	水电三局	
600	666	C07.1-6	水电水利工程施工安全生产应急能力评估导则		DL/T 5314—2014	有效	国家能源局	中国水利水电建设股份有限公司、水电十五局等	
601	667	C07.1-7	水电水利地下工程施工安全评估导则			制定	国家能源局	中国水利水电建设股份有限公司、水电十四局等	国能科技〔2013〕235号，计划编号：能源20130335
C07.2 作业安全									
602	668	C07.2-1.1	水电水利工程施工安全技术规程 第1部分：通用	水电水利工程施工通用安全技术规程	DL/T 5370—2007	修订	国家发改委	中国水利水电建设集团公司	国能科技〔2013〕235号，计划编号：能源20130320。修订时拟更名 标准族
603	669	C07.2-1.2	水电水利工程施工安全技术规程 第2部分：土建施工	水电水利工程土建施工安全技术规程	DL/T 5371—2007	修订	国家发改委	中国水利水电建设集团公司	国能科技〔2013〕235号，计划编号：能源20130321。修订时拟更名

续表

序号	顺序号	标准体系表编号	标准名称		标准编号	编制状态	批准部门	主编单位	备注	
			建议	已有						
604	670	C07.2-1.3	水电水利工程施工安全技术规程 第3部分：金属结构与机电设备安装	水电水利工程金属结构与机电设备安装安全技术规程	DL/T 5372—2007	修订	国家发改委	中国水利水电建设集团公司、三峡大学	国能科技〔2013〕235号，计划编号：能源20130322。修订时拟更名	标准族
605	671	C07.2-1.4	水电水利工程施工安全技术规程 第4部分：作业人员安全	水电水利工程施工作业人员安全技术操作规程	DL/T 5373—2007	修订	国家发改委	中国水利水电建设集团公司	国能科技〔2013〕235号，计划编号：能源20130323。修订时拟更名	
606	672	C07.2-1.5	水电水利工程施工安全技术规程 第5部分：安全防护设施	水电水利工程施工安全防护设施技术规范	DL 5162—2013	有效	国家能源局	中国水利水电建设股份有限公司、水电七局	拟修订时更名	
607	673	C07.2-2.1	履带起重机安全操作规程		DL/T 5248—2010	有效	国家能源局	水电三局	标准族	
608	674	C07.2-2.2	门座起重机安全操作规程		DL/T 5249—2010	有效	国家能源局	水电三局、水电十五局		
609	675	C07.2-2.3	汽车起重机安全操作规程		DL/T 5250—2010	有效	国家能源局	水电三局、水电二局		
610	676	C07.2-2.4	水电水利工程缆索起重机安全操作规程		DL/T 5266—2011	有效	国家能源局	水电八局	标准族	
611	677	C07.2-2.5	水电水利工程施工机械安全操作规程 塔式起重机		DL/T 5282—2012	有效	国家能源局	水电二局、水电七局		
612	678	C07.2-3.1	水电水利工程施工机械安全操作规程 挖掘机		DL/T 5261—2010	有效	国家能源局	水电四局		标准族
613	679	C07.2-3.2	水电水利工程施工机械安全操作规程 推土机		DL/T 5262—2010	有效	国家能源局	水电四局		

续表

序号	顺序号	标准体系表编号	标准名称		标准编号	编制状态	批准部门	主编单位	备注	
			建议	已有						
614	680	C07.2-3.3	水电水利工程施工机械安全操作规程　装载机		DL/T 5263—2010	有效	国家能源局	水电四局		标准族
615	681	C07.2-3.4	水电水利工程施工机械安全操作规程　凿岩台车		DL/T 5280—2012	有效	国家能源局	水电六局		
616	682	C07.2-3.5	水电水利工程施工机械安全操作规程　平地机		DL/T 5281—2012	有效	国家能源局	水电二局、水电四局		
617	683	C07.2-3.6	水电水利工程施工机械安全操作规程　反井钻机		DL/T 5701—2014	有效	国家能源局	水电七局		
618	684	C07.2-3.7	水电水利工程施工机械安全操作规程　振动碾		DL/T 5731—2016	有效	国家能源局	水电二局		
619	685	C07.2-3.8	水电水利工程施工机械安全操作规程　混凝土喷射机			制定	国家能源局	水电六局	国能科技〔2013〕235号，计划编号：能源20130327	
620	686	C07.2-4.1	水电水利工程混凝土搅拌楼安全操作规程		DL/T 5265—2011	有效	国家能源局	水电八局		标准族
621	687	C07.2-4.2	水电水利工程施工机械安全操作规程　混凝土泵车		DL/T 5283—2012	有效	国家能源局	水电二局、水电五局等		
622	688	C07.2-4.3	水电水利工程施工机械安全操作规程　塔带机		DL/T 5722—2015	有效	国家能源局	葛洲坝集团第一工程有限公司、葛洲坝集团三峡建设工程有限公司等		

续表

序号	顺序号	标准体系表编号	标准名称		标准编号	编制状态	批准部门	主编单位	备注	
			建议	已有						
623	689	C07.2-4.4	水电水利工程施工机械安全操作规程 履带式布料机		DL/T 5723—2015	有效	国家能源局	水电八局		
624	690	C07.2-4.5	砂石筛分机械安全操作规程			制定	国家能源局	水电八局	国能科技〔2013〕526号，计划编号：能源20130651	
625	691	C07.2-4.6	砂石破碎机械安全操作规程			制定	国家能源局	水电八局	国能科技〔2013〕526号，计划编号：能源20130652	标准族
626	692	C07.2-4.7	混凝土制冷系统安全操作规程			制定	国家能源局	水电八局	国能科技〔2013〕235号，计划编号：能源20130334	
627	693	C07.2-4.8	水电水利工程施工机械安全操作规程 钢模台车			制定	国家能源局	葛洲坝集团、葛洲坝集团三峡建设工程有限公司等	国能科技〔2015〕283号，计划编号：能源20150257	
628	694	C07.2-5.1	水电水利工程施工机械安全操作规程 专用汽车		DL/T 5302—2013	有效	国家能源局	水电四局、水电十一局		
629	695	C07.2-5.2	水电水利工程施工机械安全操作规程 运输类车辆		DL/T 5305—2013	有效	国家能源局	水电四局、水电十一局		标准族
630	696	C07.2-5.3	水电水利工程施工机械安全操作规程 混凝土运输车			制定	国家能源局	水电五局	国能科技〔2011〕252号，计划编号：能源20110365	
631	697	C07.2-6	水电水利工程施工机械安全操作规程 振捣机械		DL/T 5730—2016	有效	国家能源局	水电二局		
632	698	C07.2-7	水电水利工程施工机械安全操作规程 带式输送机	水电水利工程施工机械安全操作规程 皮带输送机		制定	国家能源局	水电七局	国能科技〔2011〕252号，计划编号：能源20110364。制定时拟更名	

续表

序号	顺序号	标准体系表编号	标准名称		标准编号	编制状态	批准部门	主编单位	备注
			建议	已有					
633	699	C07.2-8	水电水利工程施工机械安全操作规程 多臂台车			制定	国家能源局	水电六局、水电十四局	国能科技〔2010〕320号，计划编号：能源20100281
634	700	C07.2-9.1	水电水利工程施工机械安全操作规程 敞开式全断面隧道掘进机			制定	国家能源局	水电三局	国能综通科技〔2017〕52号，计划编号：能源20170415 标准族
635	701	C07.2-9.2	水电水利工程施工机械安全操作规程 双护盾全断面隧道掘进机			制定	国家能源局	水电三局	国能综通科技〔2017〕52号，计划编号：能源20170416
636	702	C07.2-10	水电水利工程施工机械安全操作规程 自动焊机			制定	国家能源局	水电三局	国能综通科技〔2017〕52号，计划编号：能源20170417
637	703	C07.2-11	水电水利工程施工机械安全操作规程 自动火焰切割机			制定	国家能源局	水电三局	国能综通科技〔2017〕52号，计划编号：能源20170418
638	704	C07.2-12	水电水利工程施工机械安全操作规程 沥青混合料拌和设备			制定	国家能源局	葛洲坝集团、葛洲坝集团三峡建设工程有限公司等	国能综通科技〔2017〕52号，计划编号：能源20170424
639	705	C07.2-13	水电水利工程施工机械安全操作规程 沥青混凝土摊铺机			制定	国家能源局	葛洲坝集团、葛洲坝集团第二工程有限公司等	国能综通科技〔2017〕52号，计划编号：能源20170425
C07.3应急管理									
640	706	C07.3-1	水库蓄水应急预案编制规程			制定	国家能源局	水电总院、华东院等	国能科技〔2015〕283号，计划编号：能源20150598

续表

<table>
<tr><th rowspan="2">序号</th><th rowspan="2">顺序号</th><th rowspan="2">标准体系表编号</th><th colspan="2">标准名称</th><th rowspan="2">标准编号</th><th rowspan="2">编制状态</th><th rowspan="2">批准部门</th><th rowspan="2">主编单位</th><th rowspan="2" colspan="2">备注</th></tr>
<tr><th>建议</th><th>已有</th></tr>
<tr><td colspan="11">C08 征地移民</td></tr>
<tr><td>641</td><td>707</td><td>C08-1.1</td><td>水电工程建设征地移民安置实施技术导则</td><td></td><td></td><td>制定</td><td>国家能源局</td><td>成都院</td><td>国能科技〔2016〕238号，计划编号：能源20160569</td><td rowspan="2">标准族</td></tr>
<tr><td>642</td><td>708</td><td>C08-1.2</td><td>水电工程阶段性蓄水移民安置实施方案专题报告编制规程</td><td>围堰和分期蓄水淹没影响区建设征地移民安置规划设计报告编制规程</td><td></td><td>制定</td><td>国家能源局</td><td>中国水利水电建设工程咨询公司、昆明院等</td><td>国能科技〔2012〕83号，计划编号：能源20120118。制定时拟更名</td></tr>
<tr><td>643</td><td>709</td><td>C08-2</td><td>水电工程建设征地移民安置综合设计（设代）规范</td><td>水电工程建设征地移民安置综合设代规范</td><td></td><td>制定</td><td>国家能源局</td><td>昆明院</td><td colspan="2">国能科技〔2011〕252号，计划编号：能源20110160</td></tr>
<tr><td>644</td><td>710</td><td>C08-3</td><td>水电工程建设征地移民安置综合监理规范</td><td></td><td>NB/T 35038—2014</td><td>有效</td><td>国家能源局</td><td>水电总院、北京院</td><td colspan="2"></td></tr>
<tr><td>645</td><td>711</td><td>C08-4</td><td>水电工程移民安置独立评估规范</td><td></td><td>NB/T 35096—2017</td><td>有效</td><td>国家能源局</td><td>水电总院、北京院</td><td colspan="2"></td></tr>
<tr><td>646</td><td>712</td><td>C08-5</td><td>水电工程建设征地移民安置验收规程</td><td></td><td>NB/T 35013—2013</td><td>有效</td><td>国家能源局</td><td>水电总院、水电顾问集团</td><td colspan="2"></td></tr>
<tr><td colspan="11">C09 环保水保</td></tr>
<tr><td colspan="11">C09.1 环保水保综合</td></tr>
<tr><td>647</td><td>713</td><td>C09.1-1</td><td>水电水利工程施工环境保护技术规程</td><td></td><td>DL/T 5260—2010</td><td>有效</td><td>国家能源局</td><td>水电五局</td><td colspan="2">拟修订</td></tr>
<tr><td colspan="11">C09.2 环境保护</td></tr>
<tr><td>648</td><td>714</td><td>C09.2-1</td><td>水电工程环境监理规范</td><td></td><td>NB/T 35063—2015</td><td>有效</td><td>国家能源局</td><td>水电总院、成都院</td><td colspan="2"></td></tr>
<tr><td>649</td><td>715</td><td>C09.2-2</td><td>水电工程砂石系统废水处理技术规范</td><td></td><td>DL/T 5724—2015</td><td>有效</td><td>国家能源局</td><td></td><td colspan="2"></td></tr>
</table>

续表

序号	顺序号	标准体系表编号	标准名称		标准编号	编制状态	批准部门	主编单位	备注
			建议	已有					
650	716	C09.2-3	水电工程蓄水验收环保调查技术规范			制定	国家能源局	水电总院、北京院等	国能科技〔2014〕298号，计划编号：能源20140453
651	717	C09.2-4	水电工程环境保护设施验收技术规范	水电工程环境保护设施竣工验收调查技术规范		制定	国家能源局	水电总院、华东院等	国能科技〔2014〕298号，计划编号：能源20140449
652	718	C09.2-5	水电工程竣工环境保护验收调查技术规范			拟编	国家能源局		
C09.3 水土保持									
653	719	C09.3-1	水电工程水土保持监理规范			制定	国家能源局	水电总院、成都院	国能综通科技〔2017〕52号，计划编号：能源20170873
654	720	C09.3-2	水电工程水土保持设施验收规程	水电工程水土保持验收规程		制定	国家能源局	水电总院、华东院等	国能科技〔2014〕298号，计划编号：能源20140447。制定时拟更名
C10 质量检测与评定									
C10.1 质量检测									
655	721	C10.1-1	水电工程岩体质量检测技术规程		NB/T 35058—2015	有效	国家能源局	贵阳院	
656	722	C10.1-2	核子法密度及含水量测试规程		DL 5270—2012	修订	国家能源局	葛洲坝集团、葛洲坝集团试验检测有限公司	国能综通科技〔2017〕52号，计划编号：能源20170409
657	723	C10.1-3	水电水利工程锚杆无损检测规程		DL/T 5424—2009	有效	国家能源局	长科院	
658	724	C10.1-4	大坝混凝土声波检测技术规程		DL/T 5299—2013	有效	国家能源局	浙江华东工程安全技术有限公司	
659	725	C10.1-5	水电水利工程锚索施工质量无损检测规程			制定	国家能源局	长科院	国能科技〔2010〕320号，计划编号：能源20100304

续表

序号	顺序号	标准体系表编号	标准名称		标准编号	编制状态	批准部门	主编单位	备注
			建议	已有					
660	726	C10.1-6	水电水利工程化学灌浆检测规程			拟编	国家能源局		
C10.2 质量评定									
661	727	C10.2-1	水电工程施工质量评定规程			拟编	国家能源局		
662	728	C10.2-2.1	水电工程单元工程质量等级评定标准　第1部分：水工建筑工程	水电水利基本建设工程单元工程质量等级评定标准　第1部分：土建工程	DL/T 5113.1—2005	修订	国家发改委	三峡集团	国能科技〔2012〕83号，计划编号：能源20120349。修订时拟更名
663	729	C10.2-2.2	水电工程单元工程质量等级评定标准　第2部分：金属结构及启闭机安装工程	水利水电基本建设工程单元工程质量等级评定标准　金属结构及启闭机机械安装工程(试行)	SDJ 249.2—88	修订	能源部、水利部	水利部、能源部原地质勘探机电研究所	发改办工业〔2008〕1242号，计划编号：电力行业50。修订时拟更名
664	730	C10.2-2.3	水电工程单元工程质量等级评定标准　第3部分：水轮发电机组安装工程	水电水利基本建设工程单元工程质量等级评定标准　第3部分：水轮发电机组安装工程	DL/T 5113.3—2012	有效	国家能源局	中国水利水电建设股份有限公司、水电四局	
665	731	C10.2-2.4	水电工程单元工程质量等级评定标准　第4部分：水力机械辅助设备安装工程	水电水利基本建设工程单元工程质量等级评定标准　第4部分：水力机械辅助设备安装工程	DL/T 5113.4—2012	有效	国家能源局	葛洲坝集团	
666	732	C10.2-2.5	水电工程单元工程质量等级评定标准　第5部分：发电电气设备安装工程	水电水利基本建设工程单元工程质量等级评定标准　第5部分：发电电气设备安装工程	DL/T 5113.5—2012	有效	国家能源局	葛洲坝集团	

续表

序号	顺序号	标准体系表编号	标准名称		标准编号	编制状态	批准部门	主编单位	备注
			建议	已有					
667	733	C10.2-2.6	水电工程单元工程质量等级评定标准 第6部分：升压变电电气设备安装工程	水电水利基本建设工程单元工程质量等级评定标准 第6部分：升压变电电气设备安装工程	DL/T 5113.6—2012	有效	国家能源局	水电八局、四川松林河流域开发有限公司	
668	734	C10.2-2.7	水电工程单元工程质量等级评定标准 第7部分：碾压式土石坝工程	水电水利基本建设工程单元工程质量等级评定标准 第7部分：碾压式土石坝工程	DL/T 5113.7—2015	有效	国家能源局	水电七局、水电五局	
669	735	C10.2-2.8	水电工程单元工程质量等级评定标准 第8部分：水工碾压混凝土工程	水电水利基本建设工程单元工程质量等级评定标准 第8部分：水工碾压混凝土工程	DL/T 5113.8—2012	有效	国家能源局	中国人民武装警察部队水电指挥部	
670	736	C10.2-2.9	水电工程单元工程质量等级评定标准 第9部分：土工织物防渗工程	水电水利基本建设工程单元工程质量等级评定标准 第9部分：土工织物防渗工程		制定	国家能源局	水电七局、水电五局	国能科技〔2011〕252号，计划编号：能源20110362
671	737	C10.2-2.10	水电工程单元工程质量等级评定标准 第10部分：沥青混凝土工程	水电水利基本建设工程单元工程质量等级评定标准 第10部分：沥青混凝土工程	DL/T 5113.10—2012	有效	国家能源局	葛洲坝集团、葛洲坝集团第六工程有限公司	

续表

序号	顺序号	标准体系表编号	标准名称		标准编号	编制状态	批准部门	主编单位	备注
			建议	已有					
672	738	C10.2-2.11	水电工程单元工程质量等级评定标准 第11部分：灯泡贯流式水轮发电机组安装工程	水电水利基本建设工程单元工程质量等级评定标准 第11部分：灯泡贯流式水轮发电机组安装工程	DL/T 5113.11—2005	有效	国家发改委	中国水利水电建设集团公司、东芝水电设备（杭州）有限公司	
673	739	C10.2-2.12	水电工程单元工程质量等级评定标准 第12部分：混凝土面板堆石坝工程	水电水利基本建设工程单元工程质量等级评定标准 第12部分：混凝土面板堆石坝工程		制定	国家能源局	水电七局	国能科技〔2013〕235号，计划编号：能源20130324
674	740	C10.2-2.13	水电工程单元工程质量等级评定标准 第13部分：浆砌石坝工程	水电水利基本建设工程单元工程质量等级评定标准 第13部分：浆砌石坝工程		制定	国家能源局	水电七局	国能科技〔2013〕235号，计划编号：能源20130325
C11 工程造价									
C11.1 编制规定									
675	741	C11.1-1	水电工程分标概算编制规定			制定	国家能源局	水电总院（可再生能源定额站）	国能科技〔2015〕283号，计划编号：能源20150568
676	742	C11.1-2	水电工程招标设计概算编制规定			制定	国家能源局	水电总院（可再生能源定额站）	国能科技〔2015〕283号，计划编号：能源20150569
677	743	C11.1-3	水电工程工程量清单计价规范（2010年版）		国能新能〔2010〕214号	有效	国家能源局	水电总院（可再生能源定额站）	
678	744	C11.1-4	水电工程施工招标和合同文件示范文本（2010年版）		国能新能〔2010〕214号	有效	国家能源局	水电总院（可再生能源定额站）	

续表

序号	顺序号	标准体系表编号	标准名称		标准编号	编制状态	批准部门	主编单位	备注
			建议	已有					
679	745	C11.1-5	水电工程执行概算编制导则			拟编	国家能源局		
680	746	C11.1-6	水电工程调整概算编制规定		NB/T 35032—2014	有效	国家能源局	水电总院（可再生能源定额站）	
681	747	C11.1-7	水电工程完工总结算报告编制导则			拟编	国家能源局		
682	748	C11.1-8	水电工程竣工决算报告编制规定			制定	国家能源局	水电总院（可再生能源定额站）、华东院等	国能科技〔2016〕238号，计划编号：能源20160555
683	749	C11.1-9	水电工程竣工决算专项验收规程			制定	国家能源局	水电总院（可再生能源定额站）、中国电力建设股份有限公司	国能科技〔2016〕238号，计划编号：能源20160556
C11.2 定额标准									
684	750	C11.2-1	水电建筑工程预算定额(2004年版)		水电规造价〔2004〕0028号	有效		水电总院、中电联水电建设定额站	
685	751	C11.2-2	水电设备安装工程预算定额（2003年版）		中电联技经〔2003〕87号	有效		中电联水电建设定额站	
C12 工程管理与验收									
686	752	C12-1	水电工程安全验收评价报告编制规程		NB/T 35014—2013	有效	国家能源局	西北院	
687	753	C12-2	水电工程劳动安全与工业卫生验收规程		NB/T 35025—2014	有效	国家能源局	水电总院	
688	754	C12-3	水电工程验收规程		NB/T 35048—2015	有效	国家能源局	水电总院	

续表

序号	顺序号	标准体系表编号	标准名称		标准编号	编制状态	批准部门	主编单位	备注
			建议	已有					
689	755	C12-4	水电工程安全鉴定规程		NB/T 35064—2015	有效	国家能源局	水电总院	
690	756	C12-5	水电水利工程施工监理规范		DL/T 5111—2012	有效	国家能源局	中国建设监理协会水电建设监理分会、长江水利委员会工程建设监理中心(湖北)等	
691	757	C12-6	水电水利工程达标投产验收规程		DL 5278—2012	有效	国家能源局	中国电力建设企业协会、黄河上游水电开发有限责任公司等	
692	758	C12-7	水电水利工程项目建设管理规范		DL/T 5432—2009	修订	国家能源局	三峡集团	国能科技〔2015〕283号，计划编号：能源20150254
693	759	C12-8	水电工程项目质量管理规程			制定	国家能源局	三峡集团、水电总院等	国能综通科技〔2017〕52号，计划编号：能源20170911
694	760	C12-9	水电水利基础处理工程竣工资料整编及验收规范			制定	国家能源局	水电八局	国能科技〔2012〕326号，计划编号：能源20120611

体系分类号　D

专业序列　运行维护

序号	顺序号	标准体系表编号	标准名称		标准编号	编制状态	批准部门	主编单位	备注
			建议	已有					
D01 通用									
695	761	D01-1	流域梯级水电站综合监测规程			拟编	国家能源局		
696	762	D01-2	水力发电工程运行管理规范			拟编	国标委		

续表

序号	顺序号	标准体系表编号	标准名称		标准编号	编制状态	批准部门	主编单位	备注
			建议	已有					
697	763	D01-3	水电厂水库运行管理规范		DL/T 1259—2013	有效	国家能源局	三峡集团、华中科技大学	
698	764	D01-4	水电工程运行状态评价导则			拟编	国家能源局		标准族，主要包括：总则、水库、水工建筑物及枢纽工程、机电设备、金属结构设备
699	765	D01-5	水电碳减排核算技术导则			拟编	国家能源局		
700	766	D01-6	水电工程后评价技术导则			拟编	国家能源局		拟将水电工程后评价报告编制规定作为附录
701	767	D01-7	智能水电厂技术导则		DL/T 1547—2016	有效	国家能源局	国网电力科学研究院、南瑞集团公司等	
702	768	D01-8	抽水蓄能电站检修导则		GB/T 32574—2016	有效	国标委	新源公司、南网公司等	
703	769	D01-9	抽水蓄能电厂标识系统（KKS）编码导则		GB/T 32510—2016	有效	国标委	新源公司、南网公司等	
D02 水库及电站运行调度									
704	770	D02-1	水电工程运行调度规范	大中型水电站水库调度规范	GB 17621—1998	有效	国家质量技术监督局	国家电力调度通信中心、华中电业管理局等	拟修订，并更名为《水电工程运行调度规范》
705	771	D02-2	梯级水库泥沙调度规程			拟编	国家能源局		
706	772	D02-3	流域梯级水电站集中控制规程		DL/T 1313—2013	有效	国家能源局	中国水力发电工程学会、四川大学等	
707	773	D02-4	梯级水电站运行方式编制导则			制定	国家能源局	中国长江电力股份有限公司	国能科技〔2015〕283号，计划编号：能源20150580

续表

序号	顺序号	标准体系表编号	标准名称		标准编号	编制状态	批准部门	主编单位	备注
			建议	已有					
708	774	D02-5	水电工程水库运用与电站运行调度规程编制导则	水电工程水库运行调度设计规范		制定	国家能源局	昆明院、水电顾问集团等	国能科技〔2012〕326号，计划编号：能源20120418。制定时拟更名
709	775	D02-6	抽水蓄能电站运行调度规程编制导则			拟编	国家能源局		
710	776	D02-7	水电工程水文预报规范			制定	国家能源局	水电总院、中南院	国能科技〔2015〕12号，计划编号：能源20140854
711	777	D02-8	水情自动测报系统运行维护规程		DL/T 1014—2016	有效	国家能源局	新源公司、丰满发电厂等	
712	778	D02-9	水电站水库调度自动化系统运行维护规程			制定	国家能源局	新源公司、丰满发电厂等	国能综通科技〔2017〕52号，计划编号：能源20170439
713	779	D02-10	水电站生产准备导则			制定	国家能源局	三峡集团、中国长江电力股份有限公司等	国能科技〔2016〕238号，计划编号：能源20160493
714	780	D02-11	水电站无人值班技术规范			制定	国家能源局	三峡集团、中国长江电力股份有限公司等	国能科技〔2016〕238号，计划编号：能源20160370
715	781	D02-12	抽水蓄能电站生产准备导则		DL/T 1225—2013	有效	国家能源局	南网公司	
716	782	D02-13	抽水蓄能电站无人值班技术规范		DL/T 1174—2012	有效	国家能源局	南网公司	
D03 水工建筑物									
717	783	D03-1	混凝土坝维修技术规程			制定	国家能源局	水电四局	国能科技〔2011〕252号，计划编号：能源20110367
718	784	D03-2	水工混凝土建筑物缺陷检测和评估技术规程		DL/T 5251—2010	有效	国家能源局	水科院	

续表

序号	顺序号	标准体系表编号	标准名称		标准编号	编制状态	批准部门	主编单位	备注
			建议	已有					
719	785	D03-3	水工混凝土建筑物修补加固技术规程		DL/T 5315—2014	有效	国家能源局	水科院、葛洲坝集团	
720	786	D03-4	水电工程放空检修、维护及安全运行导则			制定	国家能源局	成都院、华东院等	国能科技〔2015〕283号，计划编号：能源20150601
D04 机电设备									
D04.1 机电综合									
721	787	D04.1-1	水电站设备检修管理导则		DL/T 1066—2007	有效	国家发改委	中电联科技服务中心、东北电网有限公司等	拟修订
722	788	D04.1-2	水电站设备状态检修管理导则		DL/T 1246—2013	有效	国家能源局	中国长江电力股份有限公司、中国华能集团公司等	
723	789	D04.1-3	抽水蓄能设备可靠性评价规程			制定	国家能源局	新源公司	国能科技〔2011〕252号，计划编号：能源20110528
724	790	D04.1-4	抽水蓄能电站厂用电继电保护整定计算导则		GB/T 32576—2016	有效	国标委	新源公司、辽宁蒲石河抽水蓄能有限公司	
D04.2 机组及附属设备									
725	791	D04.2-1	水轮机运行规程		DL/T 710—1999	修订	国家经贸委	浙江省乌溪江水力发电厂	国能科技〔2015〕283号，计划编号：能源20150304
726	792	D04.2-2	水轮发电机运行规程		DL/T 751—2014	有效	国家能源局	中国水电建设集团四川电力开发有限公司、国网新源丰满发电厂等	

续表

序号	顺序号	标准体系表编号	标准名称		标准编号	编制状态	批准部门	主编单位	备注	
			建议	已有						
727	793	D04.2-3	抽水蓄能可逆式水泵水轮机运行规程		DL/T 293—2011	有效	国家能源局	新源公司、南网公司		
728	794	D04.2-4	抽水蓄能可逆式发电电动机运行规程		DL/T 305—2012	有效	国家能源局	新源公司、南网公司		
729	795	D04.2-5.1	立式水轮发电机检修技术规程		DL/T 817—2014	有效	国家能源局	中国水电建设集团四川电力开发有限公司、四川圣达水电开发有限公司等		标准族
730	796	D04.2-5.2	轴流转桨式水轮发电机组检修规程			制定	国家能源局	广西桂冠大化水力发电总厂、中国长江电力股份有限公司葛洲坝水力发电厂	国能科技〔2015〕283号，计划编号：能源20150305	标准族
731	797	D04.2-5.3	灯泡贯流式水轮发电机组检修规程			制定		五凌电力有限公司、五凌电力工程有限公司等	国家标准计划编号：20150446-T-524	标准族
732	798	D04.2-5.4	混流式水轮机维护检修规程			制定	国家能源局	龙滩水力发电厂、大唐岩滩水力发电有限责任公司	国能综通科技〔2017〕52号，计划编号：能源20170445	标准族
733	799	D04.2-5.5	冲击式水轮机运行维护规程			制定	国家能源局	四川川投田湾河开发有限责任公司、成都院	国能综通科技〔2017〕52号，计划编号：能源20170447	标准族
734	800	D04.2-6	水轮机调节系统并网运行技术导则		DL/T 1245—2013	有效	国家能源局	水科院、陕西电力科学研究院等		

续表

序号	顺序号	标准体系表编号	标准名称		标准编号	编制状态	批准部门	主编单位	备注
			建议	已有					
735	801	D04.2-7	水轮机调节系统及装置运行与检修规程		DL/T 792—2013	有效	国家能源局	水科院、长江控制设备研究所等	
736	802	D04.2-8	抽水蓄能机组调速器系统运行规程			制定	国家能源局	新源公司	2013年第二批国标计划，计划编号：20132386-T-524
737	803	D04.2-9	水轮机电液调节系统及装置调整试验导则		DL/T 496—2016	有效	国家能源局	水科院、长江控制设备研究所等	
738	804	D04.2-10	发电机封闭母线运行与维护导则			制定	国家能源局	华北电力科学研究院有限责任公司、中国大唐集团公司	国能科技〔2015〕283号，计划编号：能源20150429
739	805	D04.2-11	水轮机主阀运行检修规程			制定	国家能源局	三峡集团、中国长江电力股份有限公司	国能科技〔2016〕238号，计划编号：能源20160373
740	806	D04.2-12	抽水蓄能机组励磁系统运行检修规程		GB/T 32506—2016	有效	国标委	新源公司、南网公司等	
741	807	D04.2-13	抽水蓄能机组静止变频装置运行规程		DL/T 1302—2013	有效	国家能源局	新源公司	
742	808	D04.2-14	水轮机现场焊接修复导则			制定	国家能源局	龙滩水力发电厂、阿麦特（北京）金属科技有限公司	国能综通科技〔2017〕52号，计划编号：能源20170446
D04.3 电气系统及设备									
743	809	D04.3-1	抽水蓄能发电电动机出口断路器运行规程		DL/T 1303—2013	有效	国家能源局	新源公司	

续表

序号	顺序号	标准体系表编号	标准名称		标准编号	编制状态	批准部门	主编单位	备注
			建议	已有					
744	810	D04.3-2	抽水蓄能电站保安电源技术导则		GB/T 32594—2016	有效	国标委	新源公司、浙江仙居抽水蓄能有限公司	
745	811	D04.3-3	水轮发电机出口断路器运行检修规程			拟编	国家能源局		
746	812	D04.3-4	抽水蓄能电站厂用电系统运行检修规程			制定	国家能源局	新源公司、南网公司	国能综通科技〔2017〕52号，计划编号：能源20170443
D04.4 控制保护通信系统及设备									
747	813	D04.4-1	梯级水电厂（群）集中监控系统运行维护及检修规程			制定	国家能源局	五凌电力有限公司、北京中水科水电科技开发有限公司等	国能综通科技〔2017〕52号，计划编号：能源20170431
748	814	D04.4-2	水电厂计算机监控系统运行及维护规程		DL/T 1009—2016	有效	国家能源局	中国长江电力股份有限公司、水科院	
749	815	D04.4-3	大中型水轮发电机自并励励磁系统及装置运行和检修规程		DL/T 491—2008	修订	国家发改委	国网电力科学研究院	国能综通科技〔2017〕52号，计划编号：能源20170430
750	816	D04.4-4	水电厂自动化元件（装置）及其系统运行维护与检修试验规程		DL/T 619—2012	有效	国家能源局	水科院天津水利电力机电研究所、水利部小浪底建管局水力发电厂等	
751	817	D04.4-5	水电厂直流系统使用技术条件			制定	国家能源局	广东电网有限责任公司电力科学研究院、大唐四川发电有限公司	国能科技〔2015〕283号，计划编号：能源20150289

续表

<table>
<tr><th rowspan="2">序号</th><th rowspan="2">顺序号</th><th rowspan="2">标准体系表编号</th><th colspan="2">标准名称</th><th rowspan="2">标准编号</th><th rowspan="2">编制状态</th><th rowspan="2">批准部门</th><th rowspan="2">主编单位</th><th colspan="3" rowspan="2">备注</th></tr>
<tr><th>建议</th><th>已有</th></tr>
<tr><td>752</td><td>818</td><td>D04.4-6</td><td>水轮发电机组状态在线监测系统运行维护与检修试验规程</td><td></td><td></td><td>制定</td><td>国家能源局</td><td>三峡集团、新源公司等</td><td colspan="3">国能科技〔2015〕283号，计划编号：能源20150281</td></tr>
<tr><td>753</td><td>819</td><td>D04.4-7</td><td>水电厂培训仿真系统运行维护规程</td><td></td><td></td><td>拟编</td><td>国家能源局</td><td></td><td colspan="3"></td></tr>
<tr><td colspan="12">D04.5 公用辅助系统及设备</td></tr>
<tr><td>754</td><td>820</td><td>D04.5-1.1</td><td>水电站公用辅助设备运行维护规程 第1部分：油系统</td><td>水电站公用辅助设备运行规程 第1部分：油系统</td><td></td><td>制定</td><td>国家能源局</td><td>中国长江电力股份有限公司三峡水力发电厂、大唐龙滩水力发电厂</td><td colspan="2">国能科技〔2016〕238号，计划编号：能源20160374。制定时拟更名</td><td rowspan="5">标准族</td></tr>
<tr><td>755</td><td>821</td><td>D04.5-1.2</td><td>水电站公用辅助设备运行维护规程 第2部分：气系统</td><td>水电站公用辅助设备运行规程 第2部分：气系统</td><td></td><td>制定</td><td>国家能源局</td><td>中国长江电力股份有限公司葛洲坝水力发电厂、大唐龙滩水力发电厂</td><td colspan="2">国能科技〔2016〕238号，计划编号：能源20160375。制定时拟更名</td></tr>
<tr><td rowspan="2">756</td><td>822</td><td rowspan="2">D04.5-1.3</td><td rowspan="2">水电站公用辅助设备运行维护规程 第3部分：水系统</td><td>水电站公用辅助设备运行规程 第3部分：水系统</td><td></td><td>制定</td><td>国家能源局</td><td>大唐岩滩水力发电有限责任公司</td><td>国能科技〔2016〕238号，计划编号：能源20160376</td><td rowspan="2">制定时拟合并为《水电站公用辅助设备运行维护规程 第3部分：水系统》</td></tr>
<tr><td>823</td><td>水电站公用辅助设备检修规程 第3部分：水系统</td><td></td><td>制定</td><td>国家能源局</td><td>大唐岩滩水力发电有限责任公司</td><td>国能综通科技〔2017〕52号，计划编号：能源20170453</td></tr>
<tr><td>757</td><td>824</td><td>D04.5-1.4</td><td>水电站公用辅助设备运行维护规程 第4部分：通风系统</td><td></td><td></td><td>制定</td><td>国家能源局</td><td>三峡集团、中国长江电力股份有限公司三峡水力发电厂等</td><td colspan="2">国能综通科技〔2017〕52号，计划编号：能源20170448</td></tr>
</table>

续表

序号	顺序号	标准体系表编号	标准名称		标准编号	编制状态	批准部门	主编单位	备注
			建议	已有					
758	825	D04.5-1.5	水电站公用辅助设备运行维护规程 第5部分：消防系统			制定	国家能源局	三峡集团、中国长江电力股份有限公司三峡水力发电厂等	国能综通科技〔2017〕52号，计划编号：能源20170449 标准族
759	826	D04.5-1.6	水电站公用辅助设备运行维护规程 第6部分：厂房桥机			制定	国家能源局	三峡集团、中国长江电力股份有限公司等	国能综通科技〔2017〕52号，计划编号：能源20170450
760	827	D04.5-2	水电站调速系统液压油运行维护导则			制定	国家能源局	中国长江电力股份有限公司三峡水力发电厂、新源公司	国能科技〔2015〕283号，计划编号：能源20150292
D05 金属结构									
761	828	D05-1	水电站闸门和启闭机运行维护技术规程			制定	国家能源局	三峡集团、水电总院等	国能综通科技〔2017〕52号，计划编号：能源20170898
762	829	D05-2	水电工程闸门和启闭机安全检测技术规程	水工钢闸门和启闭机安全检测技术规程	DL/T 835—2003	有效	国家经贸委	河海大学	拟修订
763	830	D05-3	水电工程压力钢管运行维护技术规程			制定	国家能源局	水电总院、三峡集团等	国能综通科技〔2017〕52号，计划编号：能源20170899
764	831	D05-4	水电工程压力钢管安全检测技术规程	压力钢管安全检测技术规程	DL/T 709—1999	修订	国家经贸委	河海大学	发改办工业〔2008〕1242号，计划编号：电力行业51
765	832	D05-5	水电工程升船机运行维护技术规程			制定	国家能源局	三峡集团、水电总院等	国能综通科技〔2017〕52号，计划编号：能源20170900
766	833	D05-6	水电工程升船机安全检测技术规程			制定	国家能源局	三峡集团、水电总院等	国能综通科技〔2017〕52号，计划编号：能源20170901
767	834	D05-7	水电工程金属结构设备报废标准			制定	国家能源局	北京院	国能综通科技〔2017〕52号，计划编号：能源20170879

续表

序号	顺序号	标准体系表编号	标准名称		标准编号	编制状态	批准部门	主编单位	备注
			建议	已有					
D06 安全监测									
D06.1 安全监测综合									
768	835	D06.1-1	水电工程运行期安全监测技术规定			拟编	国家能源局		按《水电站大坝运行安全监督管理规定》（发改委令第23号）要求，细化监测管理技术要求
769	836	D06.1-2	混凝土坝安全监测资料整编规程		DL/T 5209—2005	修订	国家发改委	国家电力监管委员会大坝安全监察中心	国能综通科技〔2017〕52号，计划编号：能源20170384
770	837	D06.1-3	土石坝安全监测资料整编规程		DL/T 5256—2010	有效	国家能源局	国家电力监管委员会大坝安全监察中心	
771	838	D06.1-4	水电工程安全监测资料分析规程	大坝安全监测资料分析规程		制定	国家能源局	国家能源局大坝安全监察中心	国能综通科技〔2017〕52号，计划编号：能源20170390。 制定时拟更名
772	839	D06.1-5	大坝安全监测自动化系统通信规约		DL/T 324—2010	有效	国家能源局	北京木联能工程科技有限公司	
773	840	D06.1-6	大坝安全信息分类与系统接口技术规范			制定	国家能源局	国家能源局大坝安全监察中心、黄河上游水电开发有限责任公司等	国能综通科技〔2017〕52号，计划编号：能源20170394
774	841	D06.1-7	水电工程岩体稳定性微震监测技术规范			制定	国家能源局	中科院武汉岩土所	国能科技〔2015〕283号，计划编号：能源20150430
D06.2 水库安全监测									
775	842	D06.2-1	水库地震监测技术要求		GB/T 31077—2014	有效	国家质检总局、国标委	中国地震局地震预测研究所、地壳运动监测工程研究中心等	

续表

<table>
<tr><th rowspan="2">序号</th><th rowspan="2">顺序号</th><th rowspan="2">标准体系表编号</th><th colspan="2">标准名称</th><th rowspan="2">标准编号</th><th rowspan="2">编制状态</th><th rowspan="2">批准部门</th><th rowspan="2">主编单位</th><th rowspan="2" colspan="2">备注</th></tr>
<tr><th>建议</th><th>已有</th></tr>
<tr><td>776</td><td>843</td><td>D06.2-2</td><td>水电工程水库地震监测技术规范</td><td></td><td></td><td>制定</td><td>国家能源局</td><td>中国三峡建设管理有限公司、贵阳院等</td><td colspan="2">国能综通科技〔2017〕52号，计划编号：能源20170391</td></tr>
<tr><td>777</td><td>844</td><td>D06.2-3</td><td>水电工程库区安全监测系统技术规范</td><td></td><td></td><td>制定</td><td>国家能源局</td><td>成都院、三峡集团等</td><td colspan="2">国能综通科技〔2017〕52号，计划编号：能源20170402</td></tr>
<tr><td colspan="11">D06.3 水工建筑物安全监测</td></tr>
<tr><td rowspan="5">778</td><td>845</td><td rowspan="5">D06.3-1</td><td rowspan="5">水电工程安全监测系统技术规范</td><td>混凝土坝安全监测技术规范</td><td>DL/T 5178—2016</td><td>有效</td><td>国家能源局</td><td>国家能源局大坝安全监察中心、昆明院等</td><td></td><td rowspan="5">拟修订时合并为《水电工程安全监测系统技术规范》</td></tr>
<tr><td>846</td><td>土石坝安全监测技术规范</td><td>DL/T 5259—2010</td><td>有效</td><td>国家能源局</td><td>华东院</td><td>拟修订</td></tr>
<tr><td>847</td><td>水电工程边坡安全监测技术规范</td><td></td><td>制定</td><td>国家能源局</td><td></td><td>国能科技〔2015〕283号，计划编号：能源20150214</td></tr>
<tr><td>848</td><td>水工建筑物强震动安全监测技术规范</td><td>DL/T 5416—2009</td><td>有效</td><td>国家能源局</td><td>水科院</td><td>拟修订</td></tr>
<tr><td>849</td><td>大坝安全监测自动化技术规范</td><td>DL/T 5211—2005</td><td>修订</td><td>国家发改委</td><td>国电自动化研究院、国家电力监管委员会大坝安全监察中心</td><td>国能综通科技〔2017〕52号，计划编号：能源20170385</td></tr>
<tr><td>779</td><td>850</td><td>D06.3-2</td><td>水电水利工程水力学安全监测规程</td><td></td><td></td><td>制定</td><td>国家能源局</td><td></td><td colspan="2">国能科技〔2010〕320号，计划编号：能源20100274</td></tr>
<tr><td colspan="11">D06.4 监测系统建设</td></tr>
<tr><td>780</td><td>851</td><td>D06.4-1</td><td>大坝安全监测系统施工监理规范</td><td></td><td>DL/T 5385—2007</td><td>修订</td><td>国家发改委</td><td>成都院</td><td colspan="2">国能综通科技〔2017〕52号，计划编号：能源20170386</td></tr>
</table>

续表

序号	顺序号	标准体系表编号	标准名称		标准编号	编制状态	批准部门	主编单位	备注
			建议	已有					
781	852	D06.4-2	混凝土坝安全监测系统施工技术规范			制定	国家能源局	国家电力监管委员会大坝安全监察中心、葛洲坝集团试验检测有限公司等	国能科技〔2012〕326号，计划编号：能源20120590
782	853	D06.4-3	大坝安全监测系统验收规范		GB/T 22385—2008	有效	国家质检总局、国标委	国家电力监管委员会大坝安全监察中心	
783	854	D06.4-4	大坝安全监测自动化系统实用化要求及验收规程		DL/T 5272—2012	有效	国家能源局	国家电力监管委员会大坝安全监察中心	
784	855	D06.4-5	大坝安全监测系统评价规程			制定	国家能源局	国家能源局大坝安全监察中心	国能科技〔2016〕238号，计划编号：能源20160327
D06.5 监测系统运行维护									
785	856	D06.5-1	水电工程安全监测系统运行维护规程	大坝安全监测系统运行维护规程	DL/T 1558—2016	有效	国家能源局	国家能源局大坝安全监察中心、中国长江电力股份有限公司等	拟修订时更名
786	857	D06.5-2	水电工程安全监测仪器封存与报废技术规程			制定	国家能源局	水电总院、昆明院等	国能综通科技〔2017〕52号，计划编号：能源20170693
D07 征地移民									
787	858	D07-1	水电工程移民安置后续工作技术导则			拟编	国家能源局		
788	859	D07-2	水电工程建设征地移民安置后评价导则			拟编	国家能源局		

续表

序号	顺序号	标准体系表编号	标准名称		标准编号	编制状态	批准部门	主编单位	备注
			建议	已有					
789	860	D07-3	水电工程移民后期扶持规划技术导则	水电工程移民后期扶持规划编制规程		制定	国家能源局	水电总院、贵阳院	国能科技〔2016〕238号，计划编号：能源20160567。制定时拟更名
D08 环保水保									
D08.1 环保措施运行管理									
790	861	D08.1-1	水电工程库区清漂物处理技术规范			拟编	国家能源局		
791	862	D08.1-2	水电工程生态调度方案编制规程	梯级水电站生态调度方案编制规范		制定	国家能源局	贵阳院	国能科技〔2015〕283号，计划编号：能源20150587。制定时拟更名
792	863	D08.1-3	水电工程鱼类增殖放流站运行规程			制定	国家能源局	三峡集团、水电总院等	国能科技〔2016〕238号，计划编号：能源20160568
793	864	D08.1-4	水电工程过鱼设施运行规程			拟编	国家能源局		主要包括：鱼梯、仿自然旁通道、鱼闸、升鱼机、集运鱼系统等运行规定
D08.2 环保措施效果评估									
794	865	D08.2-1	水电工程生态调度效果评估技术规程			制定	国家能源局	三峡集团、水电总院等	国能综通科技〔2017〕52号，计划编号：能源20170902
795	866	D08.2-2	水电工程鱼类增殖放流效果评估技术规程			制定	国家能源局	水电总院、三峡集团等	国能综通科技〔2017〕52号，计划编号：能源20170903
796	867	D08.2-3	水电工程过鱼效果评估技术规程			拟编	国家能源局		
D08.3 水保设施运行管理									
797	868	D08.3-1	水电工程水土保持设施维护技术规程			拟编	国家能源局		

续表

序号	顺序号	标准体系表编号	标准名称		标准编号	编制状态	批准部门	主编单位	备注
			建议	已有					
D08.4 水土保持效果评估									
798	869	D08.4-1	水电工程水土保持效果调查与评估规程			拟编	国家能源局		
D08.5 环境后评价									
799	870	D08.5-1	河流水电开发环境影响后评价规范		NB/T 35059—2015	有效	国家能源局	水电总院、贵阳院	
800	871	D08.5-2	水电工程环境影响后评价技术规范			制定	国家能源局	水电总院、中南院等	国能科技〔2014〕298号，计划编号：能源20140450
D09 安全管理									
D09.1 安全管理综合									
801	872	D09.1-1	水电工程安全现状评价规程	水电站大坝运行安全评价导则	DL/T 5313—2014	有效	国家能源局	国家能源局大坝安全监察中心	拟修订时更名
802	873	D09.1-2	水电工程劳动安全与工业卫生后评价规程			拟编	国家能源局		主要包括：水电工程安全控制效果评价、职业危害控制效果评价
803	874	D09.1-3	大中型水电工程运行风险管理规范			制定	国家能源局	三峡集团、中国长江电力股份有限公司等	国能科技〔2015〕283号，计划编号：能源20150443
804	875	D09.1-4	发电机组并网安全条件及评价		GB/T 28566—2012	有效	国家质检总局	国家电力监管委员会、中国电机工程学会等	
805	876	D09.1-5	水电站大坝安全注册评价导则	水电站大坝安全管理实绩评价规程		制定	国家能源局	国家能源局大坝安全监察中心	国能科技〔2016〕238号，计划编号：能源20160325
806	877	D09.1-6	水电站大坝安全现场检查技术规程			制定	国家能源局	国家能源局大坝安全监察中心	国能科技〔2016〕238号，计划编号：能源20160326

续表

序号	顺序号	标准体系表编号	标准名称		标准编号	编制状态	批准部门	主编单位	备注
			建议	已有					
807	878	D09.1-7	水电站大坝运行安全信息管理系统技术规范			制定	国家能源局	国家能源局大坝安全监察中心、三峡集团等	国能科技〔2015〕283号，计划编号：能源20150213
D09.2 安全工作规程									
808	879	D09.2-1	水电工程安全工作规程			拟编	国家能源局		主要包括：水库、水工建筑物、水力机械、发电厂和变电站电气部分、电力线路部分、高压试验的安全工作规程
D09.3 应急管理									
809	880	D09.3-1	水电工程安全应急预案编制导则	水电站大坝安全应急预案编制导则		制定	国家能源局	国家能源局大坝安全监察中心、三峡集团等	国能科技〔2015〕283号，计划编号：能源20150215。制定时拟更名
D10 技术监督									
810	881	D10-1	水电工程环境保护技术监督导则			制定	国家能源局	三峡集团	国能综通科技〔2017〕52号，计划编号：能源20170464
811	882	D10-2	水电站水工技术监督导则		DL/T 1559—2016	有效	国家能源局	国家能源局大坝安全监察中心、中国华能集团公司等	
812	883	D10-3	发电厂汽轮机、水轮机技术监督导则		DL/T 1055—2007	有效	国家质检总局	中国南方电网广东电网公司电力科学研究院	拟修订
813	884	D10-4	水电站自动化系统技术监督导则			制定	国家能源局	大唐岩滩水力发电有限责任公司	国能综通科技〔2017〕52号，计划编号：能源20170438
D11 更新与改造									
814	885	D11-1	水电工程金属结构设备更新改造技术导则			制定	国家能源局	昆明院	国能综通科技〔2017〕52号，计划编号：能源20170905

续表

序号	顺序号	标准体系表编号	标准名称		标准编号	编制状态	批准部门	主编单位	备注
			建议	已有					
815	886	D11-2	水电工程机电设备更新改造技术导则			拟编	国家能源局		
816	887	D11-3	水轮发电机及其辅助设备技术改造导则			制定	国家能源局	三峡集团、中国长江电力股份有限公司等	国能综通科技〔2017〕52号，计划编号：能源20170451
817	888	D11-4	水轮机、蓄能泵和水泵水轮机更新改造和性能改善导则		GB/T 28545—2012	有效	国家质检总局、国标委	哈尔滨大电机研究所、水规总院等	
818	889	D11-5	灯泡贯流式水轮发电机定子绕组改造技术规范			制定	国家能源局	国网湖南省电力公司电力科学研究院、华北电力科学研究院有限责任公司等	国能综通科技〔2017〕52号，计划编号：能源20170444
819	890	D11-6	水电工程水情自动测报系统更新改造技术导则			拟编	国家能源局		包括水文、泥沙自动测报系统更新改造的技术要求
D12 工程造价									
D12.1 编制规定									
820	891	D12.1-1	水电工程检修费用编制规定			拟编	国家能源局		
D12.2 定额标准									
821	892	D12.2-1	水电工程检修定额			拟编	国家能源局		

体系分类号　E

专业序列　退役

序号	顺序号	标准体系表编号	标准名称		标准编号	编制状态	批准部门	主编单位	备注
			建议	已有					
822	893	E-1	水电工程退役通则			拟编	国家能源局		

续表

序号	顺序号	标准体系表编号	标准名称		标准编号	编制状态	批准部门	主编单位	备注
			建议	已有					
823	894	E-2	水电工程退役评估导则			拟编	国家能源局		
824	895	E-3	水电工程退役设计导则			制定	国家能源局	水电总院、北京院等	国能科技〔2015〕283号，计划编号：能源20150602
825	896	E-4	水电工程退役实施导则			拟编	国家能源局		
826	897	E-5	水电工程退役水库处理导则			拟编	国家能源局		
827	898	E-6	水电工程退役后评估导则			拟编	国家能源局		

《水电行业技术标准体系表》
（2017年版）

主要编制单位

水电水利规划设计总院
中国电建集团北京勘测设计研究院有限公司
中国电建集团成都勘测设计研究院有限公司
中国电建集团西北勘测设计研究院有限公司
中国电建集团华东勘测设计研究院有限公司
中国电建集团贵阳勘测设计研究院有限公司
中国电建集团昆明勘测设计研究院有限公司
中国电建集团中南勘测设计研究院有限公司
中国长江三峡集团公司
中国电力建设股份有限公司
中国水利水电第八工程局有限公司
中国水利水电第四工程局有限公司
中国水利水电第十四工程局有限公司
中国水利水电第五工程局有限公司
中国葛洲坝集团股份有限公司
华能澜沧江水电股份有限公司
雅砻江流域水电开发有限公司
中国水利水电科学研究院
国家能源局大坝安全监察中心
三峡大学

《水电行业技术标准体系表》
(2017年版)

主要编制人员

水电水利规划设计总院：郑声安、彭程、李仕胜、李昇、彭土标、顾洪宾、党林才、赵琨、万文功、张一军、陈惠明、袁建新、龚和平、彭才德、郭建欣、杨建、杨志刚、孙保平、王化中、魏志远、杨百银、喻卫奇、戴康俊、于庆贵、王润玲、林朝晖、龚建新、李修树、刘荣丽、岳蕾、崔磊、陈玉英、王惠明、赵全胜、严永璞、方光达、王锐林、郭德存、彭幼平、张江平、牛文彬、殷许生、文良友、李湘峰、吴立恒、任爱武、郭万侦、蔡频、王海政、苏丽群、韩伶俐、李福云、刘国阳、杜刚、杜小凯、赵良英、喻葭临、王元生、王继琳、王源、吴鹤鹤、张珍、范俊喜、任律、杨德权、陈好军、王富强、王轶奂、蒋椰林、许敏、曾辉、陆波、单婕、张鼎荣、张雄、于倩倩、何家欢、刘大文、王奎、曾镇玲、姜昊、李晓新

中国电建集团北京勘测设计研究院有限公司：吕明治、王毅鸣、彭烁君、赵轶、朱玲、王友政、王可、阳运生、蒋逵超、刘纳兵、杜秀惠、陆原、郭洁、顾莹、徐秋凌、马登清、卢兆钦、金弈、贾煜星、张维力、靳亚东、周振忠、陈红、易忠友、耿贵彪、代振峰、刘桂华、李胜、王乐

中国电建集团成都勘测设计研究院有限公司：王仁坤、朴苓、李永红、陈卫东、胡建忠、张志伟、张伯骥、鞠琳、谷江波、刘金飞、谢北成、沙椿、饶兴贵、冯奕、宋述军、李小泉、汤大明、柳影、彭仕雄、冉从彦、徐键、郎蓉、王刚、魏凡、舒涌、刘永亮、王佑军、申超、罗勇、庞芝碧、杨敏、刘平安、何兴勇、王增竹、饶宏玲、崔长武、孙大东、蒋红、何世斌、张敏、何贤佩、孙文彬、王耀辉、姚昌杰、李家亮、邱向东、林峰、黎勇刚、陈光义、魏舫、李勇、刘满江、朱万强、邵磊

中国电建集团西北勘测设计研究院有限公司：姚栓喜、苑连军、康本贤、桑志强、李俊强、宋建英、马力、张鹏、张李、沈兴正、熊登峪、王丹迪、何建辉、李振宇、王军、王君利、牛天祥、黄向东、王毅、李平、张应海、黄天润、张锦堂、许怀宇、魏鹏、刘少娟、姚云龙、张天存、陈树联、黄燕妮、魏坚政

中国电建集团华东勘测设计研究院有限公司：吴关叶、富强、芮德繁、周才全、刘光保、曾昭芳、卞炳乾、冯启林、陈森、陈顺义、冯真秋、胡葆文、朱健、计金华、吴世东、周勤、沈燕萍、邱绍平、李骅、黄慧民、徐蒯东、骆育真、芮建良、王国光、俞晖、徐建强、单治钢、任金明、卢泳、钟聪达、陈晓芬、陆炅、吴宏荣

中国电建集团贵阳勘测设计研究院有限公司：范福平、陈国柱、汤伟雄、赵再兴、雷有栋、张习传、彭成佳、魏浪、郭维祥、陈海坤、鲁传银、徐海洋、夏豪、张倩、郭艳娜、陈栋为、张细和、杨桃萍、张虎成、白学翠、范国福、李新根、杨益才、肖万春、陈寅其、陈能平、陆兰、蒋剑、郭法旺、李运良、李月杰、周维娟

中国电建集团昆明勘测设计研究院有限公司：张宗亮、许文涛、张旻舢、解敏、徐旭、刘一萍、胡传彬、胡丹书、万军、马宇、杨建敏、曹以南、王文远、谢强富、尹涛、叶晗、王立群、喻建清、张建华、武赛波、陈家恒、胡勇、谭志伟、赵志勇、张辉、刘项民、孙华

中国电建集团中南勘测设计研究院有限公司：潘江洋、吴文平、魏鹏、李旭亚、钟广宇、向孟春、肖武、覃道平、范建珍、许长红、李华、曹园园、程道国、王玲玲、肖峰、石青春、王建德、文杰、李学政、赵心畅、成方、邓双学、邱进生、盛乐民、刘剑鸣、张晓利、刘京一、张晓光、叶锐

中国长江三峡集团公司：胡斌、尹显俊、徐军、张学礼、裴金勇、李艳芳、廖建安、薛福文、王金涛、喻明、吴炜、叶华松、陈小明、胡兴娥、谢凯、邢龙、张地继、高恭星

中国电力建设股份有限公司：楚跃先、黄晓辉、王礼、张建、高翔、李继革

中国水利水电第八工程局有限公司：涂怀健、曾凡杜、于永军、张祖义、张鲲、贺磊、刘望明、赵建民、潘斌、刘菊红

中国水利水电第四工程局有限公司：马军领、郑少平、张阳勇、梁加虎、朱锴年、李桂林、完海涛、唐明金、牛宏力、董涛、陈文善、陈云

中国水利水电第十四工程局有限公司：和孙文、杨元红、李林、凌征华、钱兴喜、徐萍、唐俊、杨炳发、张玉彬、夏忠存

中国水利水电第五工程局有限公司：吴高见、高印章、孙林智、王文学、舒向东、张喜英、张黎、丁晓勇

中国葛洲坝集团股份有限公司：江小兵、张为明、陈强、陈爱国、徐海林、徐文杰、崔慧丽、刘振攀、卫书满、王新利、张建中、王娟、张庆军、董俊

威、温焕翊、陈明东、边俊军、沈赓、程志华

华能澜沧江水电股份有限公司：艾永平、卢吉、胡晓云、杨春明、余记远

雅砻江流域水电开发有限公司：雷传友、肖国勤、阳恩国、李继安、李小山、王雅军、杨津茂、李有春、王文新

中国水利水电科学研究院：贾金生、刘晓波、潘罗平、邓湘汉、姜云辉、卢正超、李海英、李德玉

国家能源局大坝安全监察中心：赵花城、张秀丽

三峡大学：李建林、许文年、朱士江

验收专家：王民浩、陈厚群、王浩、张楚汉、周建平、王宏、王春云、郑新刚、向建

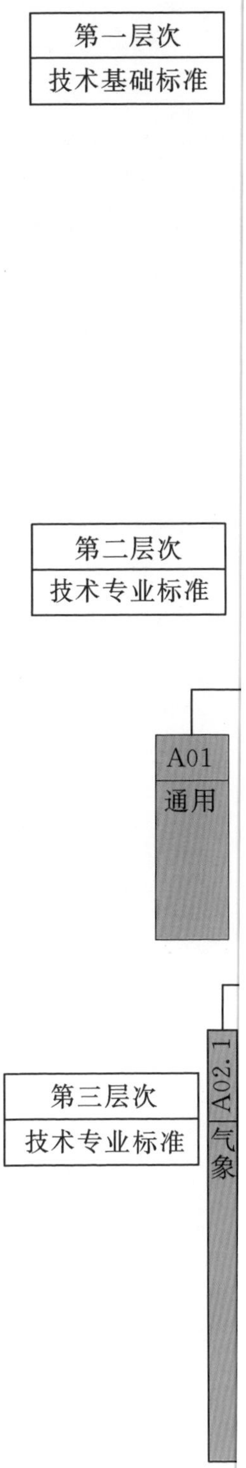

第一层次
技术基础标准

第二层次
技术专业标准

A01
通用

第三层次
技术专业标准

A02.1
气象